平法钢筋算量

（按 22G101 编写）

谭翔北　付　沛　主　编
何新德　李建武　陈　冲　颜立新　副主编

中国建筑工业出版社

图书在版编目（CIP）数据

平法钢筋算量：按 22G101 编写 / 谭翔北，付沛主编；
何新德等副主编. -- 北京：中国建筑工业出版社，
2024. 9. -- ISBN 978-7-112-30021-1

Ⅰ. TU375.01

中国国家版本馆 CIP 数据核字第 2024KN6568 号

本书根据 22G101 系列图集、《混凝土结构通用规范》（GB 55008—2021）
等最新标准编写而成，系统地阐述了计算钢筋工程的原理和方法。全书按照基
础、钢筋混凝土柱、钢筋混凝土梁、剪力墙、钢筋混凝土板、钢筋混凝土板式
楼梯、其他构件钢筋划分章节，内容全面、翔实。可供职业教育人员、预算人
员、钢筋下料人员参考使用。

说明：书中除特别说明外，长度单位均为"mm"，标高单位为"m"。

责任编辑：季　帆　王砾瑶
责任校对：赵　力

平法钢筋算量（按 22G101 编写）

谭翔北　付　沛　主　编
何新德　李建武　陈　冲　颜立新　副主编

*

中国建筑工业出版社出版、发行（北京海淀三里河路9号）
各地新华书店、建筑书店经销
霸州市顺浩图文科技发展有限公司制版
建工社（河北）印刷有限公司印刷

*

开本：787×1092 毫米　1/16　印张：11¼　字数：281 千字
2025 年 3 月第一版　2025 年 3 月第一次印刷
定价：**49.00** 元（含增值服务）
ISBN 978-7-112-30021-1
（43127）

前　言

　　钢筋算量是建筑工程施工和预算中的关键环节，直接影响到工程质量和工程成本。编者在企业调研中发现，在工程实践中，预算人员和钢筋下料人员对结构设计意图和结构标准图集的理解经常出现偏差，导致钢筋工程量计算不精准、工程质量存在隐患。此外，在工程结算过程中，三方会审也经常出现因计算差异而导致钢筋工程量存在争议的情况。因此，亟须一本系统讲解钢筋计算原理的教材来帮助从业人员或即将从事本行业的学生解决以上问题。本书由从事多年结构设计与教学的专家，以及现场施工和预算人员共同编写，从结构设计、图集构造大样理解等角度，对施工图纸设计意图进行剖析，确保钢筋的精准计算与下料。

　　本书根据 22G101 系列图集、《混凝土结构通用规范》（GB 55008—2021）进行编写，系统地阐述了计算钢筋工程量的原理和方法。通过本书的学习，可以提高职业教育人员、预算人员、钢筋下料人员的从业水平，帮助其充分理解 22G101 系列图集要求以及结构设计人员的设计意图，正确进行钢筋工程量计算和钢筋下料等工作，从而提高建筑工程质量。

　　本书共 8 章内容，由湖南建筑高级技工学校谭翔北、付沛担任主编，湖南建筑高级技工学校何新德、李建武、陈冲、颜立新担任副主编，湖南建筑高级技工学校胡金涌、杨元、石夏冰和杨卓东参与编写，书中三维插图由湖南省建筑设计院有限公司李招成绘制，湖南建筑高级技工学校熊自新和中国水电八局技工学校周伟生主审。

　　本书内容涉及面广，内涵丰富，由于编者能力和水平有限，加之编写时间仓促，书中不妥和错漏之处在所难免，恳请广大师生和读者不吝批评指正。

目　录

绪　论

　　在建筑工程预算工作中，钢筋工程量的计算是一个非常重要的环节。钢筋工程量的确定是有效控制工程造价、防止施工超预算和施工企业降低成本、取得效益的重要阶段。作为工程造价人员，一方面要从思想上给予高度重视；另一方面要从实际操作中予以准确把握。

　　对比传统施工图，平面整体表示方法绘制的图纸大大简化，只在平面上标注钢筋的种类、根数，而具体形状、尺寸由识图人员按图集要求自行计算。因此，我们对规范和图集的学习，要注意更新。

　　钢筋的工程量计算规则，定额上仅概括性地介绍计算要求，区分现浇构件、预制构件、预应力构件，不同钢筋种类和规格按设计图示尺寸计算，以 t 为计量单位。

第一节　平　法　简　介

一、平法的定义

　　混凝土结构施工图平面整体表示方法（以下简称平法），是把结构构件的尺寸和钢筋等，按照平面整体表示方法的制图规则，直接表达在各类构件的结构平面布置图上，再与标准构造详图相配合，形成一套新型完整的结构施工图的方法。它改变了传统的将构件从结构平面布置图中索引出来，再逐个绘制配筋详图的繁琐方法，是建筑结构施工图设计方法的重大改革。

　　平法通过十几年的发展现已成为我国结构设计、施工领域普遍应用的主导技术之一。

　　本书将结合 22G101 系列与 18G901（混凝土结构施工钢筋排布规则与构造详图）系列图集对钢筋混凝土构件中的钢筋手工算量进行讲解。

二、平法图集的适用范围（图 0-1-1）

图 0-1-1　22G101 系列图集说明

第二节　钢筋工程量计算

一、钢筋工程量计算依据

钢筋的公称截面面积、计算截面面积及理论重量，应按本书图0-2-1采用。

钢筋的长度计算规定：钢筋的长度计算第一依据是《全国统一建筑工程预算工程量计算规则》（GJDGZ-101-95）第3.5.4条，按设计长度计算；设计已规定钢筋搭接长度的，按规定搭接长度计算；设计未规定搭接长度的，已包括在钢筋的损耗率之内，不另计算搭接长度。

钢筋长度的假定：由于加工钢筋弯曲产生变形，就必然造成钢筋各部位长度有相应的差别，因此，为了基本上准确与合理地计算钢筋长度，假定钢筋弯曲时，钢筋轴线（中心线）长度是一定的，其长度按设计规定的几何轴线计算确定。箍筋长度计算有两种方式，第一种按箍筋外皮尺寸进行计算；第二种按箍筋中心线进行计算，本书采用第二种方法计算箍筋长度。

二、钢筋重量的计算

计算钢筋工程量的实质是计算钢筋的重量，由于钢筋的形状是直圆柱形，其材料质地是均匀的，故一定规格、品种钢筋的重量表示为：

$$G_g = L \cdot g \cdot n$$

G_g：一定规格、品种钢筋的重量，以kg为单位；

L：一定规格、品种钢筋的长度，以m/根为单位，钢筋的长度是按钢筋中心轴线几何长度计算；

g：一定规格、品种钢筋的单位长度重量，以kg/m为单位，计算依据详见本书图0-2-1；

n：一定规格、品种钢筋的数量，以根为单位。

上述计算式是各种规格、品种的一般表达式，对于各种构件和单位工程的钢筋工程量计算同样适用。为节省篇幅，本书所有钢筋量（重量）的计算只计算长度。

| 公称直径 | 不同根数钢筋的公称截面面积(mm²) | | | | | | | | | 单根钢筋理论 |
(mm)	1	2	3	4	5	6	7	8	9	重量(kg/m)
6	28.3	57	85	113	142	170	198	226	255	0.222
8	50.3	101	151	201	252	302	352	402	453	0.395
10	78.5	157	236	314	393	471	550	628	707	0.617
12	113.1	226	339	452	565	678	791	904	1017	0.888
14	153.9	308	461	615	769	923	1077	1231	1385	1.21
16	201.1	402	603	804	1005	1206	1407	1608	1809	1.58
18	254.5	509	763	1017	1272	1527	1781	2036	2290	2.00(2.11)
20	314.2	628	942	1256	1570	1884	2199	2513	2827	2.47
22	380.1	760	1140	1520	1900	2281	2661	3041	3421	2.98
25	490.9	982	1473	1964	2454	2945	3436	3927	4418	3.85(4.10)
28	615.8	1232	1847	2463	3079	3695	4310	4926	5542	4.83
32	804.2	1609	2413	3217	4021	4826	5630	6434	7238	6.31(6.65)
36	1017.9	2036	3054	4072	5089	6107	7125	8143	9161	7.99
40	1256.6	2513	3770	5027	6283	7540	8796	10053	11310	9.87(10.34)
50	1963.5	3928	5892	7856	9820	11784	13748	15712	17676	15.42(16.28)

注：括号内为预应力螺纹钢筋的数值。

图0-2-1　钢筋的公称直径、公称截面面积及理论重量

任务一

基　础

第一节　钢筋混凝土基础的基本知识

一、钢筋混凝土基础的分类

承受上部建筑传来的荷载，并传递到地基上去的构件称为建筑物的基础。根据埋置深度基础可分为：

$$
基础
\begin{cases}
浅基础
\begin{cases}
独立基础 \\
条形基础 \\
筏形基础
\end{cases} \\
深基础（桩基础）
\end{cases}
$$

二、钢筋混凝土基础的应用

浅基础一般应用在土质较好、承载力较高，且埋藏深度较浅（≤5m）的情况，并且不影响周围邻近建筑物的安全。深基础（桩基础）一般应用在持力层埋藏较深（大于5m），上部荷载较大的情况，如高层建筑等。

第二节　柱下独立基础

一、某工程的柱下独立基础平法施工图

本工程位于湖南长沙市，6度抗震设防，框架抗震等级为四级。本套完整的建筑及结构施工图见《混凝土结构平法施工图实例图集》（中国建筑工业出版社出版），图1-2-1所示图纸为部分截取图。

二、柱下独立基础配筋的标准构造做法

柱下独立基础的标准构造做法见22G101-3 P7～19，常规做法的钢筋排布构造见图1-2-2a～图1-2-3b（18G101-3 P27）。

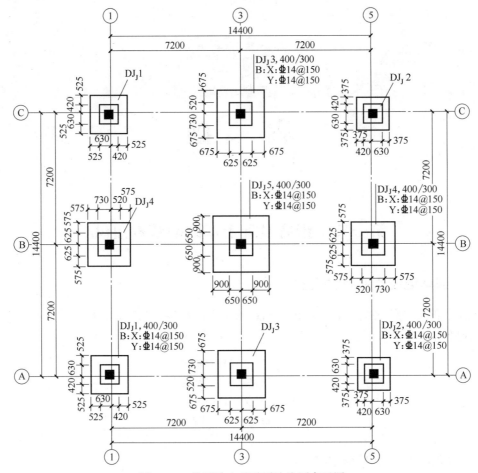

图 1-2-1　柱下独立基础平法注写布置图

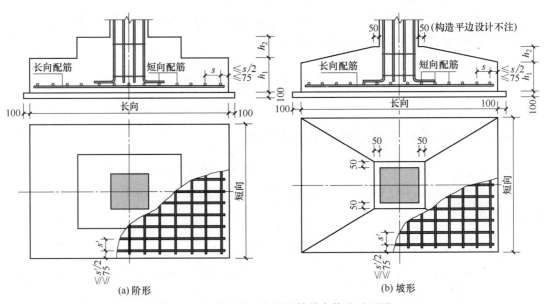

图 1-2-2a　独立基础底板钢筋排布构造平面图

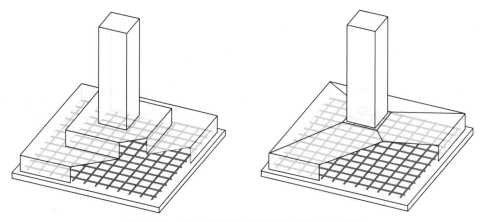

图 1-2-2b 独立基础底板钢筋排布构造三维图

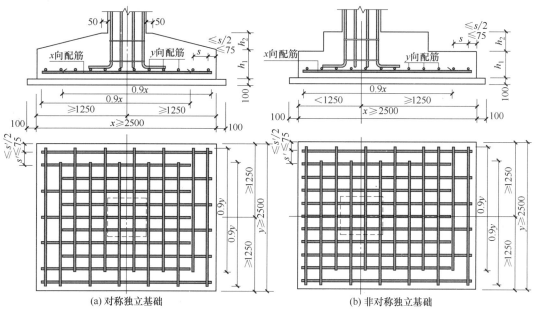

(a) 对称独立基础   (b) 非对称独立基础

图 1-2-3a 独立基础底板配筋长度减短 10％的钢筋排布构造平面图

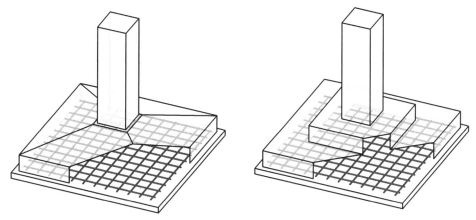

图 1-2-3b 独立基础底板配筋长度减短 10％的钢筋排布构造三维图

三、柱下独立基础钢筋量的手工计算

要计算柱下独立基础的钢筋用量，首先要弄清楚柱下独立基础内配有哪些钢筋，配置的钢筋有哪些标准构造规定（构造就是指为保证结构或结构构件安全可靠而对结构构件连接节点或构件自身的配筋方式、在支座内的锚固方式与要求等做出的规定，这些规定都要符合《混凝土结构设计规范》的要求），能够看懂按平法制图规则绘制的独立基础平法施工图，然后按标准构造将独立基础的钢筋量计算出来。下面就按图 1-2-2、图 1-2-3 所示框架柱的平法施工图、22G101-1、22G101-3 及与之配套使用 18G901-1、18G901-3 分别讲解独立基础内配置的双向钢筋的计算方法。

1. 当基础边长＜2500mm 时：

(1) 单根 X（或 Y）向钢筋的长度＝对应基础边长－2c (1-2-1)

注：c 为保护层厚度。

(2) 根数的计算

$$X \text{向钢筋根数} = [Y \text{边边长} - 2\min(75, \text{间距}/2)]/\text{间距} + 1 \quad (1\text{-}2\text{-}2)$$

$$Y \text{向钢筋根数} = [X \text{边边长} - 2\min(75, \text{间距}/2)]/\text{间距} + 1 \quad (1\text{-}2\text{-}3)$$

2. 当基础边长≥2500mm 时：

(1) 最外围的钢筋长度计算同式（1-2-1）

(2) 中间钢筋的单根长度计算＝对应基础边长×0.9   (1-2-4)

计算总长时注意根数和长度的变化。

【例 1-2-1】 某工程柱下独立基础如图 1-2-4 所示，混凝土强度等级为 C30，基础保护层厚度 40mm，计算基础的钢筋。

解： 受力钢筋计算过程分析

1. X 向受力钢筋的计算

由于基础的 X 边和 Y 边均≥2500mm

X 向不减短受力钢筋的长度＝X 向边长－2c

$\qquad = 2800 - 2 \times 40 = 2720\text{mm}$

X 向减短受力钢筋的长度＝X 向边长×0.9

$\qquad = 2800 \times 0.9 = 2520\text{mm}$

X 向钢筋的根数＝$[Y$ 边边长－2$\min(75,$ 间距/2$)]$/间距＋1

$\qquad = [2500 - 2 \times \min(75, 200/2)]/200 + 1$

$\qquad = (2500 - 2 \times 75)/200 + 1 = 12.75$ 根，取 13 根（其中不减短 2 根，减短 11 根）。

X 向钢筋总长＝$2720 \times 2 + 2520 \times 11 = 33160\text{mm} = 33.16\text{m}$

2. Y 向受力钢筋的计算

Y 向不减短受力钢筋的长度＝Y 向边长－2c

$\qquad = 2500 - 2 \times 40 = 2420\text{mm}$

Y 向减短受力钢筋的长度＝Y 向边长×0.9

$\qquad = 2500 \times 0.9 = 2250\text{mm}$

Y 向钢筋的根数＝$[X$ 边边长－2$\min(75,$ 间距/2$)]$/间距＋1

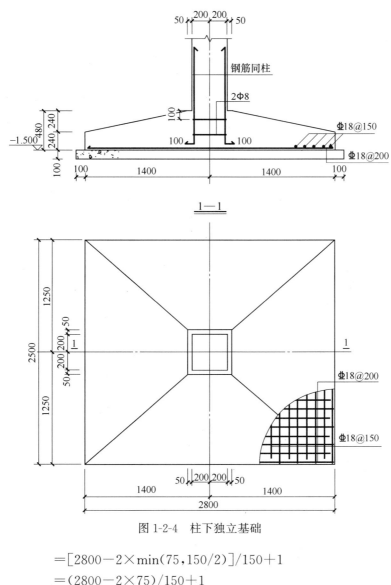

图 1-2-4　柱下独立基础

$$=[2800-2\times\min(75,150/2)]/150+1$$

$$=(2800-2\times75)/150+1$$

$$=18.7\text{ 根，取 }19\text{ 根，其中不减短 }2\text{ 根，减短 }17\text{ 根}$$

Y 向钢筋总长 $=2420\times2+2250\times17=43090\text{mm}=43.09\text{m}$

第三节　条 形 基 础

一、某工程的梁式条形基础平法施工图

条形基础整体上可分为两类：

1. 梁板式条形基础

该类条形基础适用于钢筋混凝土框架结构、框架-剪力墙结构、部分框支剪力墙结构和钢结构。平法施工图将梁板式条形基础分解为基础梁和条形基础底板分别进行表达，如

图 1-3-1a 所示。

2. 板式条形基础

该类条形基础适用于钢筋混凝土剪力墙结构和砌体结构。平法施工图仅表达条形基础底板，如图 1-3-1b 所示。

图 1-3-1 所示工程位于湖南长沙市，6 度抗震设防，框架抗震等级为四级。本套完整的建筑及结构施工图见《混凝土结构平法施工图实例图集》（中国建筑工业出版社出版），图 1-3-1 所示图纸为部分截取图。

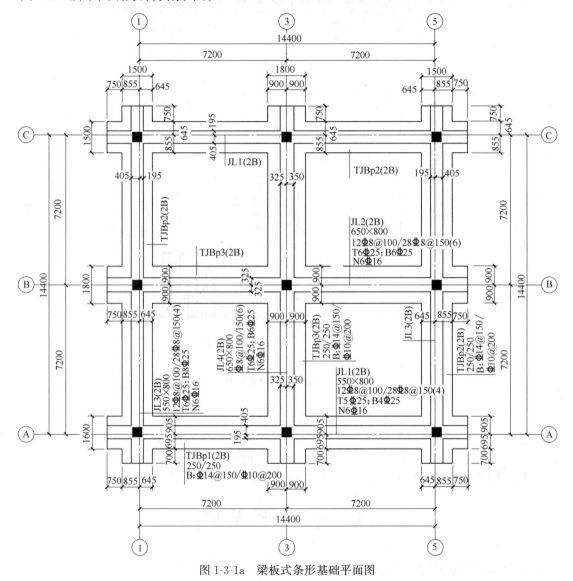

图 1-3-1a　梁板式条形基础平面图

二、条形基础钢筋的标准构造做法

1. 梁式条形基础由基础梁和基础底板组成，基础梁同时承受上部墙体传来的荷载和下部地基传来的反力作用，由于地基反力往往大于上部荷载，所以基础梁的受力模式虽与

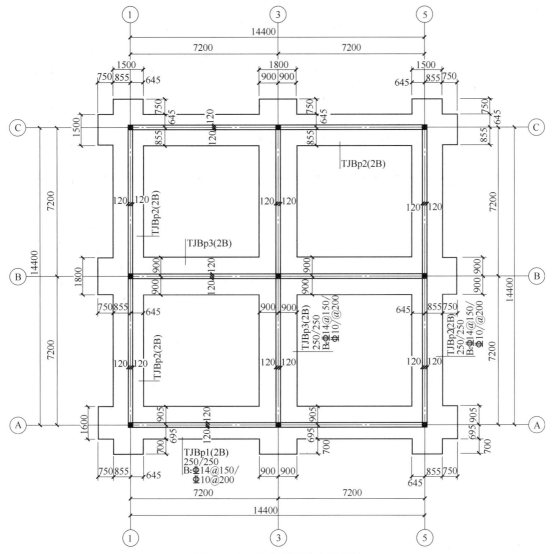

图 1-3-1b　板式条形基础平面图

楼面框架梁相似，但是方向正好相反。

　　梁式条形基础的基础底板部分钢筋由短向受力筋和纵向分布筋组成，标准构造做法见22G101-3 P76，常规做法的钢筋排布构造见图 1-3-2～图 1-3-4（18G901-3 P38～40）。

　　2. 板式条形基础的底板钢筋由短向受力筋和纵向分布筋组成，标准构造做法类似板式条形基础，详见 22G101-3 P77，常规做法的钢筋排布构造见图 1-3-5、图 1-3-6（18G901-3 P40～41）。

三、条形基础钢筋量手工计算

（一）梁式条形基础钢筋量手工计算

1. 梁式条形基础底板部分钢筋量手工计算

　　由于基础的受力在短向钢筋，长向分布纵筋仅起构造作用，所以短向受力钢筋在长向分布筋的下方（图1-3-5）。

$$梁式条形基础单根受力钢筋长度＝基础宽度－2c \qquad (1-3-1)$$

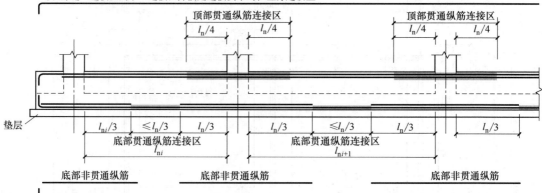

顶部纵筋贯通，在连接区内采用搭接、机械连接或焊接。同一连接区段内接头面积百分率不宜大于50%。当钢筋长度可以穿过一连接区到下一连接区并满足连接要求时，宜穿越设置

底部贯通纵筋，在其连接区内采用搭接、机械连接或焊接。同一连接区段内接头面积百分率不宜大于50%。当钢筋长度可以穿过一连接区到下一连接区并满足连接要求时，宜穿越设置

图1-3-2　基础梁纵向钢筋连接位置

梁式条形基础受力钢筋根数＝[条基净长（或全长）－2×min(受力筋间距/2,75)]/受力筋间距＋1＋附加钢筋根数 （1-3-2）

其中：内墙按净长，外墙按全长；附加根数分为以下几种情况考虑：

（1）十字交接位置［图1-3-6（a）］：

$$X 方向附加根数＝\frac{\frac{1}{4}b-\min\left(\frac{1}{2}s,75\right)}{s'}+1$$

$$Y 方向附加根数＝\frac{\frac{1}{4}b'-\min\left(\frac{1}{2}s',75\right)}{s}+1$$

其中：b、b'、s、s'见图1-3-6。

（2）丁字交接位置［图1-3-6（b）］：

$$内墙方向：附加根数＝\frac{\frac{1}{4}b'-\min\left(\frac{1}{2}s',75\right)}{s}+1$$

外墙方向：附加根数＝0

（3）转角交接位置［图1-3-6（c）］：

双向皆为外墙，附加根数＝0

注意：十字交接、转角和无交接底板端部位置处，双向都设置受力钢筋（图1-3-3、图1-3-4），当条形基础宽度≥2500mm时，端部第一根受力钢筋不减短，其余钢筋减短10%，交错布置，参见图1-2-3a。

$$梁式条形基础单根分布钢筋长度(按通长计算)＝条形基础长度－2c \qquad (1-3-3)$$

注：当遇到式（1-3-2）中的附加钢筋时，通长筋打断，考虑与附加钢筋150mm的搭接长度。

顶部纵筋贯通，在连接区内采用搭接、机械连接或焊接。同一连接区段内接头面积百分率不宜大于50%。当钢筋长度可以穿过一连接区到下一连接区并满足连接要求时，宜穿越设置

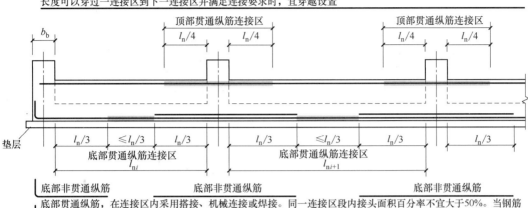

图 1-3-3　基础次梁纵向钢筋连接位置

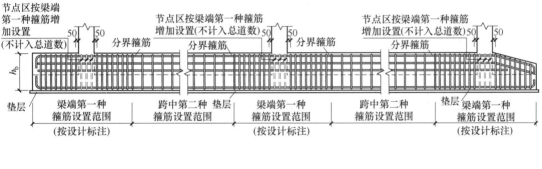

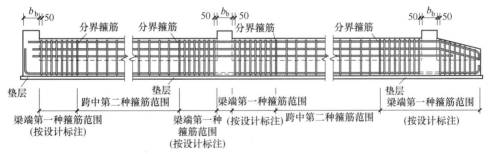

图 1-3-4　基础梁与基础次梁配置两种箍筋构造详图

$$梁式条形基础单根分布钢筋根数 = (条形基础宽度 - 基础梁宽)/2 - 2 \times \min(s/2, 75)$$
$$(1\text{-}3\text{-}4)$$

2. 梁式条形基础的基础梁钢筋量手工计算

在梁式条形基础中，有基础梁（JL）（图 1-3-2）、基础次梁（JCL）（图 1-3-3）两种，由于基础梁的受力模式类似倒楼盖中的框架梁，在基础梁和基础次梁内设置的钢筋有：顶部贯通纵筋、底部贯通纵筋、底部非贯通纵筋和箍筋（图 1-3-2、图 1-3-3）。基础梁平法注写时，以 B 打头，表示梁底部贯通纵筋；以 T 打头，表示梁顶部贯通纵筋，当梁底部或顶部贯通纵筋多于一排时，用"/"将各排纵筋自上而下分开。

两向基础梁相交时，应有一向截面较高的基础梁箍筋贯通设置；当两向基础梁高度相

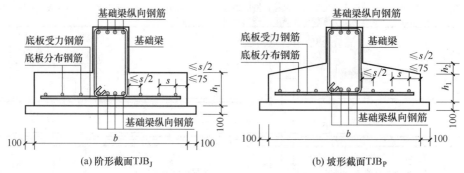

(a) 阶形截面TJB$_J$ (b) 坡形截面TJB$_P$

图 1-3-5　梁式条形基础阶形截面和坡形截面

同时，任选一向基础梁箍筋贯通设置。

箍筋根据设计要求：

（1）当仅采用一种间距时，基础梁通长都采用这种间距排布箍筋。

（2）当采用两种箍筋时（图 1-3-4），有第一种箍筋和第二种箍筋，当具体设计未注明时，基础梁的外伸部位以及基础梁端部节点内按第一种箍筋设置。基础次梁的外伸部位按第一种箍筋设置，在不同配置要求的箍筋区域分界处应设置一道分界箍筋，分界箍筋应按相邻区域配置要求较高的箍筋配置。

（二）板式条形基础钢筋量手工计算

板式条形基础的计算参考梁式条形基础，只是在分布钢筋的部分有所区别。

板式条形基础单根受力钢筋长度同式（1-3-1）

板式条形基础受力钢筋根数同式（1-3-2）

板式条形基础单根分布钢筋长度同式（1-3-3）

$$板式条形基础单根分布钢筋根数＝条形基础宽度－2×\min(1/2s, 75) \qquad (1-3-5)$$

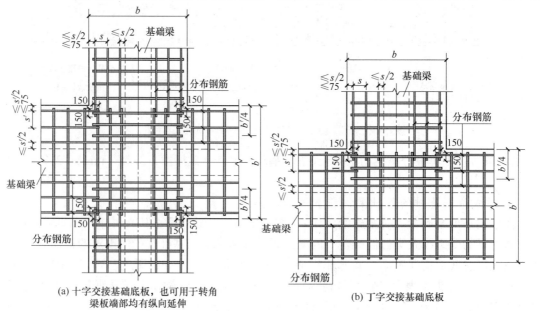

(a) 十字交接基础底板，也可用于转角　　　　　　　　(b) 丁字交接基础底板
　　梁板端部均有纵向延伸

图 1-3-6　梁式条形基础钢筋排布构造（一）

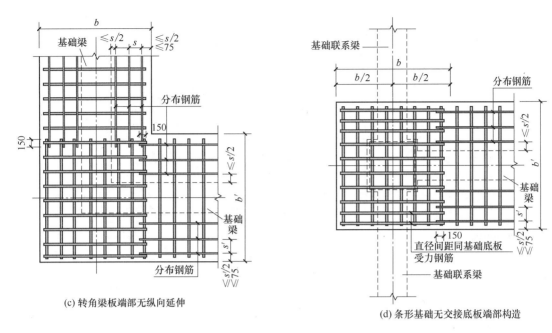

(c) 转角梁板端部无纵向延伸

(d) 条形基础无交接底板端部构造

图 1-3-6 梁式条形基础钢筋排布构造（二）

板式条形基础的标准构造做法见 22G101-3 P77，常规做法的钢筋排布构造见图 1-3-7、图 1-3-8（18G101-3 P40～41）。

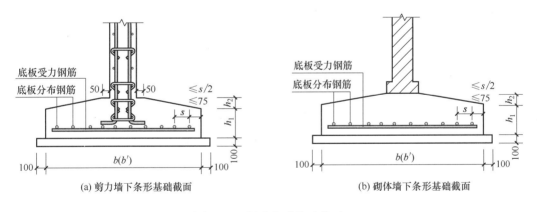

(a) 剪力墙下条形基础截面

(b) 砌体墙下条形基础截面

图 1-3-7 板式条形基础截面

【例 1-3-1】 计算图 1-3-1 中 A 轴上的 TJBp1（2B）的板底受力钢筋和分布钢筋。已知基础混凝土强度等级为 C30，环境类别二 a（局部放大图见图 1-3-9）。

解：

从图 1-3-9 中得知图中为梁式条形基础，受力钢筋为 Φ 14@150，分布钢筋为 Φ 10@200，基础宽度为 1600mm，基础梁宽 550mm，查得保护层 $c = 20$mm，$\min(s/2,$ 75）$= 75$mm。

1. 受力钢筋计算

受力钢筋长度＝基础宽度－2c＝1600－2×20＝1560mm

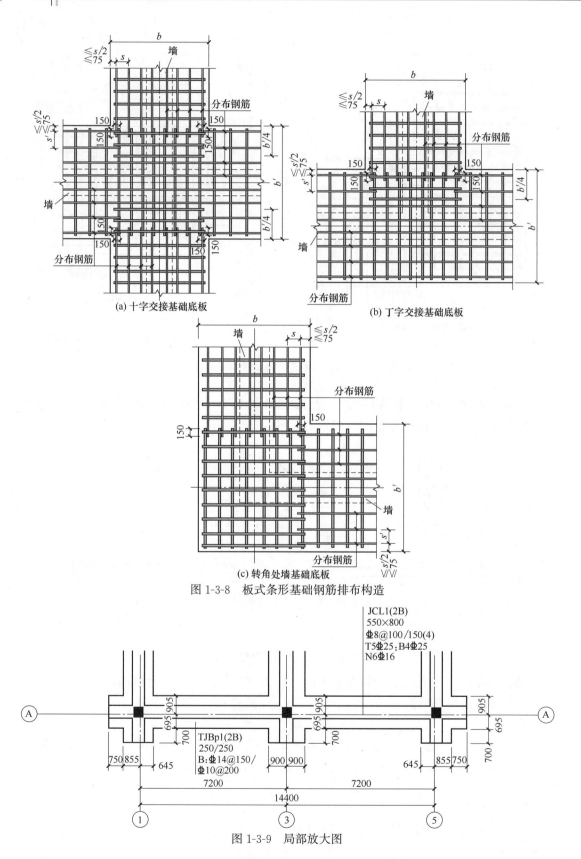

(a) 十字交接基础底板

(b) 丁字交接基础底板

(c) 转角处墙基础底板

图 1-3-8　板式条形基础钢筋排布构造

JCL1(2B)
550×800
Φ8@100/150(4)
T5Φ25;B4Φ25
N6Φ16

TJBp1(2B)
250/250
B:Φ14@150/
Φ10@200

7200　　7200

14400

① ③ ⑤

图 1-3-9　局部放大图

14

受力钢筋的根数＝[条基净长（或全长）－2×min(受力筋间距/2,75)]/受力筋间距＋1＋附加钢筋根数

$$=[(750-2×75)/150+1]×2+[(7200-645-900-2×75)/150+1]×2$$
$$+[(1500/4-75)/150+1]×2+(1800/4-75)/150+1$$
$$=94.9 根，取 95 根。$$

受力钢筋总长度＝95×1520＝144400mm＝144.4m

2. 分布钢筋计算

分布筋通长钢筋长度计算＝条形基础全长－2c＝(14400＋2×750＋2×855)－2×20
$$=17610-2×20=17570mm$$

截断的分布筋分段长度计算：

①轴左侧、⑤轴右侧分布钢筋长度＝净长－min(受力筋间距/2，75)＋150
$$=750-75+150=825mm$$

①～③轴、③～⑤轴分布钢筋长度＝净长－2×min(受力筋间距/2，75)＋2×150
$$=(7200-645-900)-2×75+2×150=5805mm$$

通长分布钢筋根数计算：

半边基础的通长分布钢筋根数＝[(条形基础宽度/2－基础梁宽/2－条形基础宽度/4)－s/2]/分布钢筋间距
$$=[(1600/2-550/2-1600/4)-150/2]/150$$
$$=0.333 根，取 1 根。$$

所以基础的通长分布钢筋根数＝1×2＝2 根。

通长分布钢筋总长＝2×17570＝35140mm＝35.14m

半边基础的截断分布钢筋根数计算＝[条形基础宽度/4－min(受力筋间距/2,75)]/分布筋间距＋1
$$=(1600/4-75)/150+1=3.167 根，取 4 根。$$

所以基础的截断分布钢筋根数＝4×2＝8 根。

截断分布钢筋总长＝8×(825×2＋5805×2)＝106080mm＝106.08mm。

第四节　桩基础的基本知识

一、桩基础的分类

桩基础由桩身和连接于桩顶的承台组成，承受上部竖向受力构件（柱、墙）传来的荷载，并传递到地基上。桩基础分类方法有很多，其中根据施工方法不同，桩身可分为预制桩和灌注桩。根据桩身直径的大小，桩径≥800mm，称为大直径桩；桩径＜800mm，称为小直径桩。

预制桩（图 1-4-1）：预先在工厂制作完成，运到施工现场，通过打桩机用静力压入、锤击或振动将桩身送入指定的持力层。优点是材料省、强度高，适用于较高要求的建筑，缺点是施工难度高、受场地机械数量限制、施工时间长等。

灌注桩（图 1-4-2）：在工程现场通过人工挖掘、钢管挤土或机械钻孔等方法成孔，

再放置钢筋笼、浇灌混凝土。优点是施工难度低，尤其是人工挖孔桩，可以不受机械数量的限制，所有桩基同时进行施工，可以大大节省时间，缺点是成孔质量受土层影响较大。

图 1-4-1 预制桩

图 1-4-2 灌注桩

二、桩基础配置的钢筋种类及作用

（一）桩身钢筋种类

1. 纵向钢筋（主筋）

2. 螺旋箍筋

3. 加劲箍（加强筋，图 1-4-3）

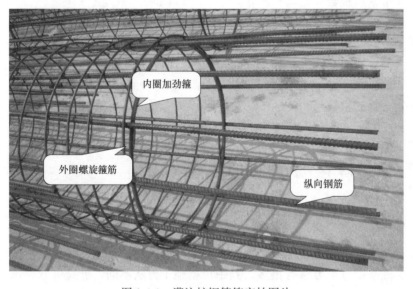

图 1-4-3 灌注桩钢筋笼实拍图片

（二）桩身钢筋的构造与计算

1. 桩身钢筋的构造

桩身钢筋在图纸中一般采用标准大样图加列表注写方式，标准表达可见 22G101-3 P42～43，图 1-4-4 为某工程的桩身大样图。

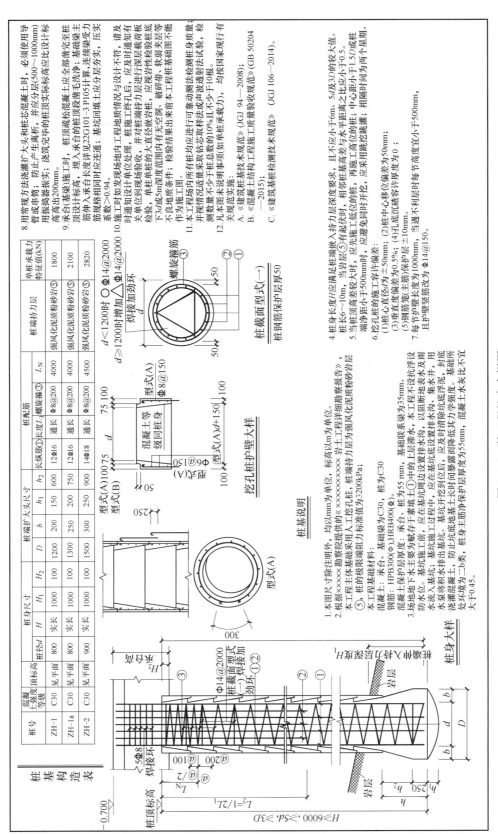

图 1-4-4　某工程桩身大样图

2. 桩身钢筋的计算

（1）纵向钢筋的计算

$$纵向钢筋的长度＝桩长（L）＋锚固长度＋n×单面搭接焊长度 \quad (1\text{-}4\text{-}1)$$

单面搭接焊长度：$10d$

d：纵向钢筋直径

锚固长度：见"任务二 钢筋混凝土柱"

（2）螺旋箍筋的计算

螺旋箍筋的水平投影长度 $L_s＝2\pi R＝\pi×(d－2c－d_s)$ \quad (1-4-2)

$$螺旋箍筋长度＝\sqrt{S_1^2＋L_s^2}×\frac{L_N}{S_1}＋\sqrt{S_2^2＋L_s^2}×\frac{L_1－L_N}{S_2}＋2×11.9d_s＋2×1.5×L_s$$

$$(1\text{-}4\text{-}3)$$

式中 L_N——箍筋加密区长度；

      L_1——桩长；

      S_1——箍筋加密区螺距；

      S_2——箍筋非加密区螺距；

      c——保护层厚度；

      d——桩身直径；

      d_s——螺旋箍筋直径。

（3）加劲箍的计算

加劲箍筋的长度：$L_{sj}＝2×R＋单面焊搭接长度$

$$＝\pi×(d－2×c－2×d_s－2×d_{ss}＋d_j)＋单面焊搭接长度$$

$$(1\text{-}4\text{-}4)$$

式中 d_j——加劲箍筋直径；

      d_{ss}——桩纵向钢筋直径。

加劲箍筋的个数＝桩长/间距＋1；加劲箍考虑 2m 的间距。

3. 护壁钢筋的计算

在人工挖孔桩中，为了保证施工工人的安全，防止在开挖的过程中桩身土壁垮塌而做的钢筋混凝土圆形构件。每天施工一节，每节高度 1m 左右（具体见施工图纸要求）。

由图 1-3-4 可知，护壁钢筋由竖向纵筋和环形箍筋组成。

（1）竖向纵筋的长度计算

  每节单根竖向纵筋的长度＝每节长（L）－50＋每节搭接长度 250＋$1×6.25d_{ss}$

$$(1\text{-}4\text{-}5)$$

每节长度：1000mm

$$每节护壁的纵筋根数＝\pi×(d＋2×175－2c)/间距 \quad (1\text{-}4\text{-}6)$$

（2）每节箍筋的计算

$$单个箍筋的长度：L_s＝2\pi R＋300＋2×6.25d_s \quad (1\text{-}4\text{-}7)$$

$$R＝(d＋2×175－2×c－2×d_{ss}－d_s)/2$$

$$每节箍筋根数＝(1000－50－2×c)/间距＋1 \quad (1\text{-}4\text{-}8)$$

【例 1-4-1】 如图 1-4-4 所示，设定 ZH-1 桩长 $L_1＝10350mm$，从桩身表中扩头长度

为 $H_1+H_2=1200\text{mm}+100\text{mm}$，设计说明中可以找出桩基保护层厚度为 55mm，结合桩身大样图与桩基表可获知：ZH-1 桩螺旋箍筋加密区长为 $L_N=4000\text{mm}$，螺旋加密区间距为 100mm，非加密区间距为 200mm。

1. 桩身钢筋计算

（1）纵向主筋计算

单根纵筋的长度＝桩长(L)＋锚固长度＋$n×$单面搭接焊长度

$$=10350+35×14+1×10×14=10980\text{mm}$$

单桩 ZH-1 的纵向钢筋根数为：12 根

钢筋总长度$=12×10980=131760\text{mm}=131.76\text{m}$

（2）螺旋箍筋的计算

纵筋的保护层 $c=55\text{mm}$，桩身直径 $d=800\text{mm}$

螺旋箍筋的水平投影长度：$L_s=2πR=π×(d-2c-d_s)$

$$=3.14×(800-2×55-8)=2141.5\text{mm}，取2142\text{mm}$$

螺旋箍筋长度：螺旋箍筋的螺距为 s

加密区 s_1：100mm，非加密区 s_2：200mm，加密区长度 L_N：4000mm

非加密区长度$=L_1-L_N=10350-4000=6350\text{mm}$

单根 ZH-1 螺旋箍筋的长度$=\sqrt{S_1^2+L_s^2}×\dfrac{L_N}{S_1}+\sqrt{S_2^2+L_s^2}×\dfrac{L_1-L_N}{S_2}+2×11.9d_s+2×1.5×L_s$

$$=\sqrt{100^2+2141.5^2}×\frac{4000}{100}+\sqrt{200^2+2141.5^2}×\frac{6350}{200}+2×11.9×8+2×1.5×2141.5$$

$$=2143.8×40+2150.8×32+190.4+6424.5=161192.5\text{mm}，取161.193\text{m}$$

（3）加筋箍筋计算

由图 1-4-4 可知：$D<1200\text{mm}$，只有圆形加筋箍筋，直径为Φ14，间距为 2000mm。

加劲箍筋的长度$=2πR+$单面焊搭接长度

$R=$桩身直径$-2×$保护层厚度$-2×$螺旋箍筋直径$-2×$纵向主筋直径$-$加筋直径

$$=π×(d-2×c-2×d_s-2×d_{ss}+d_j)+单面焊搭接长度$$

$$=3.14×(800-2×55-2×8-2×14+14)+10×14$$

$$=2212.4\text{mm}，取2213\text{mm}$$

单桩 ZH-1 加劲箍筋的个数$=10350/2000+1=7$个

钢筋总长度$=7×2213=15491=15.491\text{m}$

2. 护壁钢筋计算

由挖空护壁大样可知：护壁纵向钢筋每节搭接长度为 250mm，且一端有 180°弯钩。由设计说明可知：每节护壁长为 1000mm，钢筋的保护层 $c=55\text{mm}$，竖向纵筋与环形箍筋均为直径 8mm，间距 150mm。

（1）每节竖向纵筋的计算：

每节单根竖向纵筋的长度＝每节长(L)＋每节搭接长度 250$+1×6.25d_{ss}$

$$=1000+250+1×6.25×8=1300\text{mm}$$

每节纵筋根数$=π×(d+2×175-2c)/$间距

$$=3.14×(800+2×175-2×55)/150=21.8根，取22根。$$

每节纵筋总长度＝22×1300＝28600mm＝28.6m

（2）每节箍筋的计算

单个箍筋的长度：$L_s=2\pi R+300+2\times6.25d_s$

$$R=(d+2\times175-2\times c-2\times d_{ss}-d_s)/2$$
$$=(800+2\times175-2\times55-2\times8-8)/2$$
$$=(800+350-110-24)/2=508mm$$

$$L_s=2\pi R+300+2\times6.25d_s=2\times3.14\times508+300+2\times6.25\times8=3590mm$$

每节箍筋根数＝(1000－50－2×c)/间距+1＝(1000－50－2×55)/150+1＝6.6 个，取 7 个

每节箍筋总长度 L＝3590×7＝25130mm＝25.13m

单桩 ZH-1 护壁的节数＝（10350－1300）/1000＝9 节（注：1300mm 为扩头长度）

单根 ZH-1 护壁纵筋总长度＝9×28.6＝257.4m

单根 ZH-1 护壁箍筋总长度＝9×25.13＝226.17m

（三）承台钢筋的构造与计算

1. 承台钢筋的构造

承台是桩或墩与上部竖向受力构件（柱、墙）之间的联系构件。它承受上部竖向受力构件（柱、墙）传来的竖向荷载，并传递到桩或墩上，起到承上启下的作用。承台把一根或者多根桩或墩联系在一起，形成桩基础。

在实际工程中，一柱一桩承台设有环向钢筋笼；高层建筑中的一柱多桩承台，同样设有环向钢筋笼；但对于多层建筑中的一柱多桩承台，只在承台底部设有双向钢筋网，对于多柱多桩承台，在底部和顶部均设有双向钢筋网（图 1-4-5）。

图 1-4-5　承台钢筋实拍图片

2. 承台钢筋量的手工计算

要计算承台的钢筋用量，首先要弄清楚承台钢筋是由环向钢筋笼还是顶部、底部双向钢筋网组成，这些钢筋有哪些标准构造规定；能够看懂按平法制图规则绘制的承台平法施工图，然后按照标准构造将钢筋量计算出来，例如多桩承台见图 1-4-6、图 1-4-7（18G901-3 P79）。承台钢筋的平法标准表示方式见 22G101-3 P44～48。

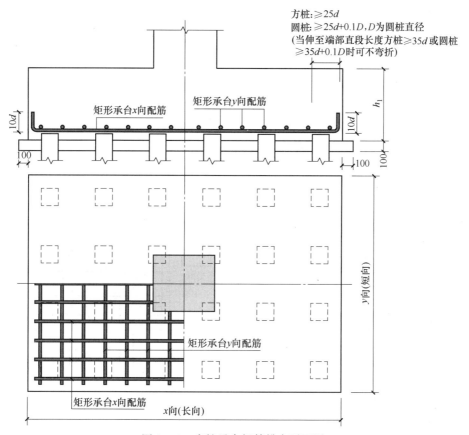

方桩:≥25d
圆桩:≥25d+0.1D,D为圆桩直径
(当伸至端部直段长度方桩≥35d或圆桩
　　　≥35d+0.1D时可不弯折)

图 1-4-6　多桩承台钢筋排布平面图

一柱一桩承台钢筋量的手工计算:

(1) 一柱一桩承台钢筋的构造

一柱一桩承台中,由三向配置的环向钢筋组成钢筋笼(环向钢筋与箍筋的做法相同),如图 1-4-8、图 1-4-9 所示。水平环箍可以在竖向环箍的内侧也可以在外侧,而在实际工程中,施工方常将平行于长边方向的竖向环箍(①号筋)置于最外侧,平行于短边方向的竖向环箍(②号)置于①号筋的内侧,水平环箍(③号筋)置于①号筋和②号筋的内侧(图 1-4-8)。

(2) 一柱一桩承台钢筋量的计算

如图 1-4-9 所示:

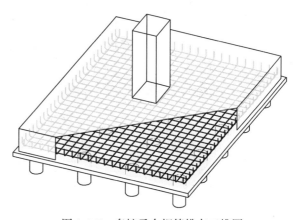

图 1-4-7　多桩承台钢筋排布三维图

单根①号竖向环箍长度 $L_1 = [(a-2c_1-d_1)+(h-c_1-c_2-d_1)] \times 2 + 2 \times 12.9d_1$

(1-4-9)

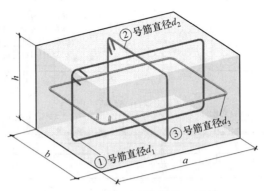

图 1-4-8 承台环向钢筋笼三维图

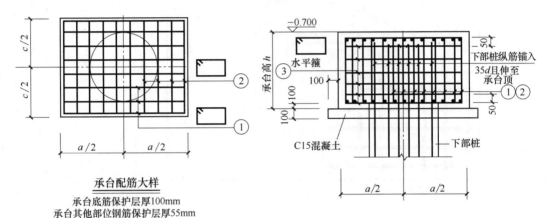

承台配筋大样
承台底筋保护层厚100mm
承台其他部位钢筋保护层厚55mm

承台配筋表

承台号	承台尺寸		顶标高	混凝土强度等级	承台配筋		
	$a \times c$	h			长向筋①	短向筋②	水平箍③
CT-1	1200×1200	700	见平面图	C30	9Φ14@150	9Φ14@150	Φ12@150
CT-2	1300×1300	700	见平面图	C30	9Φ14@150	9Φ14@150	Φ12@150

注：承台混凝土强度等级C40，保护层厚度55mm。

图 1-4-9 某工程单桩承台大样及配筋表

①号竖向环箍根数 $=(b-2c_1)$/间距$+1$

单根②号竖向环箍长度 $L_2=[(b-2c_1-d_2)+(h-c_1-c_2-2d_1-d_2)]\times 2+$

$$2\times 12.9d_2 \tag{1-4-10}$$

②号竖向环箍根数 $=(a-2c_1)$/间距$+1$

单根③号水平环箍长度 $L_3=[(a-2c_1-2d_1-d_3)+(b-2c_1-2d_2-d_3)]\times 2+$

$$2\times 12.9d_3 \tag{1-4-11}$$

③号水平环箍根数 $=(h-c_1-c_2)$/间距$+1$

式中　c_1——底部保护层厚度；

　　　c_2——侧面及顶面保护层厚度；

　　　d_1——①号筋直径；

d_2——②号筋直径;

d_3——③号筋直径。

【例 1-4-2】 计算图 1-4-9 中 CT-1 的钢筋。

解:

(1) 单根①号竖向环箍长度 $L_1 = [(a-2c_1-d_1)+(h-c_1-c_2-d_1)]\times 2+$
$$2\times 12.9d_1 = [(1200-2\times 55-14)+(700-55-$$
$$100-14)]\times 2+2\times 12.9\times 14$$
$$=(1076+531)\times 2+361.2$$
$$=3575.2\text{mm, 取 } 3576\text{mm}$$

①号竖向环箍根数 $=(b-2c_1)/$间距$+1$
$$=(1200-2\times 55)/150+1=8.27 \text{ 个, 取 9 个。}$$

①号筋总长 $=3576\times 9=32184\text{mm}=32.184\text{m}$

(2) 单根②号竖向环箍长度 $L_2 = [(b-2c_1-d_2)+(h-c_1-c_2-2d_1-d_2)]\times 2+$
$$2\times 12.9d_2 = [(1200-2\times 55-14)+(700-55-$$
$$100-2\times 14-14)]\times 2+2\times 12.9\times 14$$
$$=(1076+503)\times 2+361.2$$
$$=3519.2\text{mm, 取 } 3520\text{mm}$$

②号竖向环箍根数 $=(a-2c_1)/$间距$+1$
$$=(1200-2\times 55)/150+1=8.27 \text{ 个, 取 9 个。}$$

②号筋总长 $=3520\times 9=31680\text{mm}=31.68\text{m}$

(3) 单根③号水平环箍长度 $L_3 = [(a-2c_1-2d_1-d_3)+(b-2c_1-2d_2-d_3)]\times 2+$
$$2\times 12.9d_3 = [(1200-2\times 55-2\times 14-12)+$$
$$(1200-2\times 55-2\times 14-12)]\times 2+2\times 12.9\times 12$$
$$=(1050+1050)\times 2+309.6$$
$$=4509.6\text{mm, 取 } 4510\text{mm}$$

③号水平环箍根数 $=(h-c_1-c_2)/$间距$+1$
$$=(700-55-100)/150+1$$
$$=4.6 \text{ 个, 取 5 个。}$$

③号筋总长 $=4510\times 5=22550\text{mm}=22.55\text{m}$。

3. 一柱多桩承台钢筋量的手工计算

(1) 一柱多桩承台钢筋的构造

一柱多桩承台仅在底部设有双向钢筋网,计算原理同柱下独立基础的底板钢筋(图 1-2-2a、图 1-2-3a);若是设有环向钢筋笼,算法同一柱一桩承台。

(2) 一柱多桩承台钢筋的计算

$$\text{单根 } X\text{(或 } Y\text{)向钢筋的长度} = \text{对应基础边长} - 2c + 2\times 10d \qquad (1\text{-}4\text{-}12)$$

注:当伸至端部直段长度方桩≥35d 或圆桩≥35d+0.1D 时,端部可不加 10d。

$$X \text{ 向钢筋根数} = [Y \text{ 边边长} - 2\min(75, \text{间距}/2)]/\text{间距} + 1 \qquad (1\text{-}4\text{-}13)$$

$$Y \text{ 向钢筋根数} = [X \text{ 边边长} - 2\min(75, \text{间距}/2)]/\text{间距} + 1 \qquad (1\text{-}4\text{-}14)$$

任务二

钢筋混凝土柱

第一节　钢筋混凝土柱的基本知识

一、钢筋混凝土柱分类

在框架结构或框架-剪力（抗震）墙结构中，组成框架的竖向承重构件称为柱，根据其受力特点可分为如下形式：

$$柱\begin{cases}框架柱（KZ）\\转换芯柱（XZ）柱\\芯柱（XZ）\end{cases}$$

二、钢筋混凝土柱的抗震等级

钢筋混凝土结构的抗震等级是根据房屋的类别、设防烈度、结构承重类型和房屋高度采用特一级和一、二、三、四级等不同的抗震等级，等级数字越小，要求越高。在一栋建筑物的结构设计总说明中，结构设计人员会按照以上要求对房屋的结构类型、类别及设防烈度、抗震等级作出说明。工程造价及施工人员必须按照结构设计总说明中的要求并按照现行 G101、G329、G901 系列结构构造标准图集（本书中涉及的标准图集均为现行）等计算钢筋的预算长度或下料长度。

下面就以某工程三层、按四级抗震等级设计的小型综合楼为例，说明框架柱的纵向钢筋在基础内的锚固、各楼层、屋面以及变截面处钢筋的连接构造作法，并列出计算公式和计算过程。

三、钢筋混凝土柱中配置的钢筋种类及作用

（一）纵向受力钢筋（图 2-1-1）

在柱中配置的纵向受力钢筋所起的作用如下：

1. 帮助混凝土承担压力，防止混凝土发生脆性破坏。

2. 承受由重力、风力、地震在柱中产生的弯矩而形成拉力。

（二）箍筋

在柱中配置的箍筋所起的作用如下：

纵向钢筋

复合箍筋

图 2-1-1 框架柱配筋实拍照片

1. 固定柱纵向钢筋的位置，与其一起形成钢筋骨架。

2. 与混凝土一起共同承担水平剪力。

3. 约束混凝土，提高混凝土抵抗横向变形能力。

4. 当混凝土保护层受压剥落时，可减小柱纵向钢筋的竖向计算长度，防止柱纵筋压屈。

第二节 钢筋混凝土柱的钢筋量手工计算

一、三层小型框架结构综合楼施工图

本工程位于湖南长沙市，6 度抗震设防，框架抗震等级为四级。本套完整的建筑及结构施工图见《混凝土结构平法施工图实例图集》（中国建筑工业出版社出版），图 2-2-1 为部分截图。

二、钢筋混凝土柱配筋的标准构造做法

按照传统的教学方法，学生在学习建筑制图理论时都是按照正投影的方法绘制结构施工图，按此方法绘制的柱等结构构件的配筋施工图表达清楚，很容易看懂钢筋的做法，自然也容易计算出柱等结构构件的钢筋用量，但是这种传统的制图方法已不能适应目前大规模的工程建设，于是就有了国家建筑标准设计图集《混凝土结构施工图平面整体表示方法制图规则和构造详图》（按此表示法绘制的混凝土结构施工图简称平法施工图），这个标准图集经过十几年的应用，已发展到 22G101-1～3、12G101-4 和与之配套的国家建筑标准设计图集《混凝土结构施工钢筋排布规则与构造详图》18G901-1～3。作为设计、施工、监理、造价及建设管理人员都应按照这两个系列的标准图集指导工作。对于钢筋混凝土柱的配筋构造详图分为柱插筋在基础中的锚固构造（见 22G101-3、18G901-3）、柱身纵向钢筋连接构造及梁柱节点（柱顶及变截面处）柱纵向钢筋构造（见 22G101-1、18G901-1）。

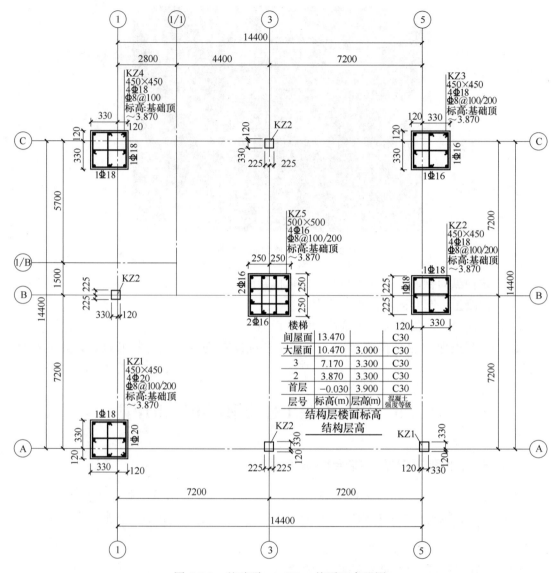

图 2-2-1 基础顶～3.870m柱平面布置图

三、钢筋混凝土柱钢筋量手工计算

　　要计算钢筋混凝土柱的钢筋用量，首先要弄清楚钢筋混凝土柱内配有哪些钢筋，配置的钢筋有哪些标准构造规定（构造就是指为保证结构或结构构件安全可靠而对结构构件连接节点或构件自身的配筋方式、在支座内的锚固方式与要求等做出的规定，这些规定都要符合《混凝土结构设计规范》的要求），能够看懂按平法制图规则绘制的柱平法施工图，然后按照柱纵向钢筋在基础内的锚固、柱身和梁柱节点钢筋标准构造将柱钢筋量计算出来。下面就按图 2-2-1 所示框架柱的平法施工图、22G101-1、22G101-3 及与之配套使用18G901-1、18G901-3 分别讲解柱内配置的纵向受力钢筋、箍筋在基础内、首层、中间楼层及顶层的钢筋计算方法。

(一) 首层钢筋混凝土框架柱的钢筋量计算

1. 钢筋混凝土柱的基础插筋计算

（1）钢筋混凝土柱的基础插筋

锚固长度是指构件的纵向受力钢筋在强度充分利用时为满足受力要求而伸入支座内的长度。钢筋混凝土框架柱的支座就是基础。

不论钢筋混凝土框架柱的基础是何种形式，其纵向钢筋、箍筋在基础内的锚固要求均相同，见图 2-2-2（18G901-3）。框架柱纵向钢筋在基础内的锚固长度不论是否满足直锚（纵筋在支座内的直线段长度≥l_{aE} 时）或弯锚（纵筋在支座内的直线段长度<l_{aE} 时）的要求，纵筋都要从基础顶延伸至基础底部钢筋网片上（长度大小用 h_1 表示），并弯折 90°，长度为 a，a 的取值必须根据纵筋是否满足直锚来确定，见下列公式：

$$h_1 = h_j - c - d_X - d_Y \tag{2-2-1}$$

式中　h_j——基础高度；

　　　c——钢筋保护层厚度，最外层钢筋外边缘至混凝土表面的距离；

　　　d_X——基础底部 X 方向钢筋直径；

　　　d_Y——基础底部 Y 方向钢筋直径。

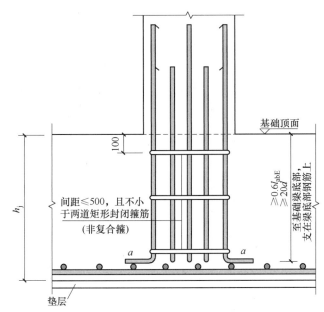

图 2-2-2　柱纵向钢筋锚入基础内的构造

当 $h_1 < l_{aE}$ 时，　　　　　　　　　$a = 15d$ 　　　　　　　　　(2-2-2)

注意：h_1 应≥$0.6l_{abE}$，且不小于 $20d$，否则应通知设计人员修改设计。

当 $h_1 \geq l_{aE}$ 时，$a \geq 6d$，且≥150mm（22G101-3 P66）　　　(2-2-3)

式中　l_{aE}——纵向受拉钢筋抗震锚固长度（22G101-1 P59）；

　　　d——要计算长度的钢筋直径；

　　　l_{abE}——抗震设计时受拉钢筋基本锚固长度（22G101-1 P58）。

（2）钢筋混凝土框架柱的基础插筋长度计算

1）框架柱基础插筋长度＝h_1＋a＋框架柱底部非连接区高度　　　(2-2-4)

式中，h_1、a 按式（2-2-1）～式（2-2-3）计算。

$$基础内的大箍筋个数 = (h_1 - 100 - 3 \times D_c)/500 + 1 \geqslant 2 \qquad (2\text{-}2\text{-}5)$$

2）框架柱非连接区高度的计算

嵌固部位是结构计算所设置的房屋建筑结构构件墙、柱底端的支座位置。对于无地下室的房屋，基础顶面就是墙、柱的嵌固部位；有地下室时，全埋式地下室的顶板面就是墙、柱的嵌固部位，但对于多层地下室负一层一～两面对外敞开，那么嵌固部位就会设在负一楼面（在22G101-1 P7 2.1.4节中有详细说明）。

框架柱非连接区高度按以下三种情况计算：

① 无地下室的框架柱，见图2-2-3（22G101-1 P65）；

② 有地下室的框架柱，见图2-2-4（22G101-1 P66）；

③ 框架柱纵向钢筋连接位置，见图2-2-5（18G901-1 P23）。

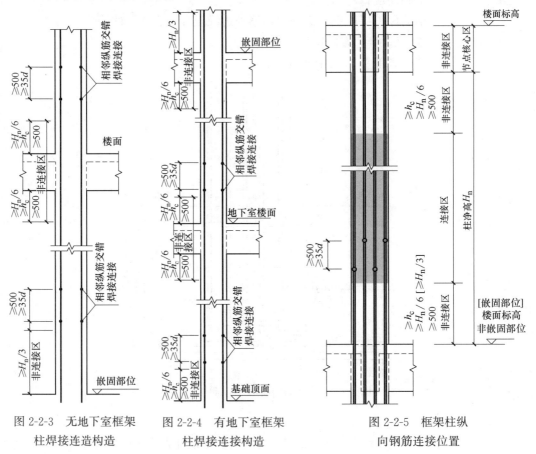

图 2-2-3 无地下室框架柱焊接连造构造　　图 2-2-4 有地下室框架柱焊接连接构造　　图 2-2-5 框架柱纵向钢筋连接位置

3）框架柱净高（H_n）的计算

① 中间楼层及顶层框架柱净高计算

$$H_n = H（层高） - h_b（上一层楼或屋面框架梁高） \qquad (2\text{-}2\text{-}6)$$

② 首层框架柱净高计算

a. 无地下室，基础联系梁顶标高与基础顶标高相同

$H_n=$二层楼面标高$-h_b$（二层楼面框架梁高）$-$基础顶标高（22G101-3 P105）

$$(2\text{-}2\text{-}7)$$

b. 无地下室，基础联系梁顶标高高于基础顶标高

$H_n=$二层楼面标高$-h_b$（二层楼面框架梁高）$-$基础联系梁顶标高（22G101-3 P105）

$$(2\text{-}2\text{-}8)$$

c. 有地下室时首层框架柱净高按式（2-2-6）计算

2. 首层钢筋混凝土框架柱的钢筋长度计算

（1）纵向钢筋长度＝首层框架柱净高（H_n）$-$本层底部非连接区长度$+$

二层框架梁高$+$上一层非连接区高度　　　　(2-2-9)

计算依据见图 2-2-3～图 2-2-5。

（2）复合箍筋长度计算

按照图 2-2-6 及图 2-2-7 柱横截面复合箍筋排布构造详图计算，以箍筋的中心线长度作为计算标的，这样计算出来的结果与圆弧中心线的真实长度误差较小。

1）大箍筋长度＝［$(b-2\times c-d)+(h-2\times c-d)$］$\times2+2\times135°$弯钩长度

$$(2\text{-}2\text{-}10)$$

$$135°弯钩长度＝135°弯折修正值＋弯钩直线段长度 \quad (2\text{-}2\text{-}10a)$$

$135°$弯折修正值需要根据箍筋强度等级确定：HPB300 级为 $1.9d$，HRB400 级为 $2.9d$。

式中　b——柱子截面宽度；

d——柱子截面高度。

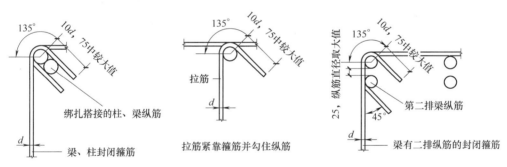

图 2-2-6　柱、墙、梁箍筋和拉筋弯钩构造
（22G101-1 P63、18G901-1 P14）

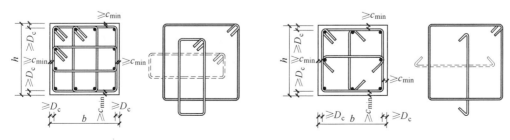

图 2-2-7　柱横截面复合箍筋排布构造详图
（22G101-1 P73、18G901-1 P26/17G101-11）

弯钩直线段长度在 $10d$ 和 75 两者之间取大值。

2）小箍筋长度计算

按照柱子每边纵向钢筋均匀排放的原则计算小箍筋的短边尺寸，同时也要注意构造规定每隔一根纵向钢筋必须有一根纵向钢筋位于箍筋的转角处，当然每个纵向钢筋都位于箍筋转角处最好，这要看设计是否需要。从钢筋混凝土的耐久性和重要性考虑，柱单肢箍筋只需勾纵筋，同理，本书剪力墙部分边缘构件及墙身拉筋、连梁、梁侧面拉筋都考虑只拉纵筋，构造做法详见 17G101-11 P12～14。

$$双肢横向箍筋长度=\{(b-2\times c-d)+[(h-2\times c-2\times d-D_c)/(m_c-1)]\times$$
$$j+D_c+d\}\times 2+2\times 135°弯钩长度$$

$$(2-2-11)$$

$$单肢横向箍筋长度=(b-2\times c-d)+2\times 135°弯钩长度 \qquad (2-2-12)$$

$$双肢竖向箍筋长度=\{(h-2\times c-d)+[(b-2\times c-2\times d-D_c)/(n_c-1)]\times$$
$$j+D_c+d\}\times 2+2\times 135°弯钩长度$$

$$(2-2-13)$$

$$单肢竖向箍筋长度=(h-2\times c-d)+2\times 135°弯钩长度 \qquad (2-2-14)$$

式中　b——柱子截面宽度；

h——柱子截面高度；

D_c——柱子纵向钢筋直径；

m_c——柱子 h 边一侧纵向钢筋根数；

n_c——柱子 b 边一侧纵向钢筋根数；

j——小箍筋短边围成的纵向钢筋的间距数，按照构造规定 j 小于或等于2。

3）箍筋个数计算

框架柱在纵向钢筋的非连接区、节点核心区（框架梁与框架柱交接的区域）、无地下室但首层有刚性地面的上、下各 500mm 高的区域加密箍筋。

首层箍筋个数=[（首层柱底部非连接区高度-50）/加密区箍筋间距+1]+
[（首层柱上部非连接区高度-50）/加密区箍筋间距+1]+
[（梁高-2×50）/加密区箍筋间距+1]+
（首层柱非加密区高度/非加密区箍筋间距-1)(22G101-1 P65)

$$(2-2-15)$$

除梁高范围内的箍筋数需单独向上取整外，其他柱身部分的箍筋个数应先求和再向上取整。对于绑扎接头还需考虑搭接区段的箍筋加密高度的变化。

式中，柱底部非连接区高度等于 $H_n/3$；柱上部非连接区高度在 $H_n/6$，500，柱截面长边尺寸三者中取大值。H_n 的计算见式（2-2-6）～式（2-2-8），计算依据见图 2-2-3 和图 2-2-4 或 22G101-1 P65。

首层柱非加密区高度=柱净高 H_n-柱底部加密区高度-柱上部加密区高度

$$(2-2-16)$$

当地面有刚性地面（如混凝土地面）时，柱底部箍筋加密区高度还应比较柱底部非连

接区高度与刚性地面＋500mm 位置处的大小，两者取大值。计算依据见图 2-2-8 或
22G101-3 P105。

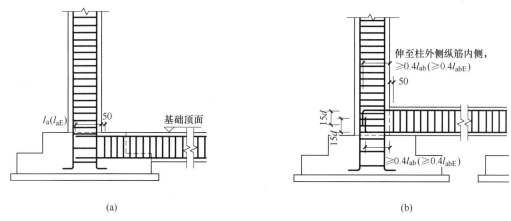

(a)　　　　　　　　　　　　　　　　　　　(b)

图 2-2-8　框架柱与基础联系梁连接构造
（22G101-3 P105）

【例 2-2-1】　计算图 2-2-1 中 KZ3 的基础插筋及首层钢筋长度。

解：

（一）基础插筋计算

从图 2-2-9 中得知基础顶标高为−0.70m，从图 2-2-10 中得知基础连系梁顶标高亦为
−0.70m。

1. 纵筋计算

判断 KZ3 插筋伸入基础内的长度

图 2-2-1 中的 KZ3 对应图 2-2-9 中的 DJ_J2，从图 2-2-9 中的基础列表中查到基础高度
$h_j = 700mm$，基础第二阶宽度为 300mm，基础保护层厚度为 40mm，双向底筋为
$\Phi14@150$，混凝土强度等级为 C30。

KZ3 纵向钢筋 $4\Phi18$（角筋）$+4\Phi16$（侧面筋）进入基础内的直线段长度

$h_1 = 700 - 40 - 2 \times 14 = 632mm$（查 22G101-1 P59）纵向钢筋抗震锚固长度

$l_{aE} = 35d = 35 \times 18(16) = 630(560)mm < h_1$

所以：纵筋在基础内的弯折长度 a 取值按式（2-2-3）或见 22G101-3 P66 图（a）

$4\Phi18$（角筋）$a = \max(6d, 150) = \max(6 \times 18, 150) = \max(108, 150)$，取 150mm；

$4\Phi16$（侧面筋）$a = \max(6d, 150) = \max(6 \times 16, 150) = \max(96, 150)$，取 150mm

KZ3 首层柱净高按式（2-2-8）计算

$H_n =$ 二层楼面标高$-h_b$（二层楼面框架梁高）$-$基础顶标高（22G101-3 P105）

$\qquad = 3.870 - 0.570 - (-0.700) = 3.870 - 0.570 + 0.700 = 4.000m = 4000mm$

KZ3 基础插筋长度按式（2-2-6）计算：

基础插筋长度 $= h_1 + a +$ 框架柱底部非连接区高度

$\qquad\qquad = h_1 + a + H_{n1}/3$（22G101-1 P65）

$\qquad\qquad = 632 + 150 + 4000/3$

$\qquad\qquad = 2115.3mm$，取 2116mm

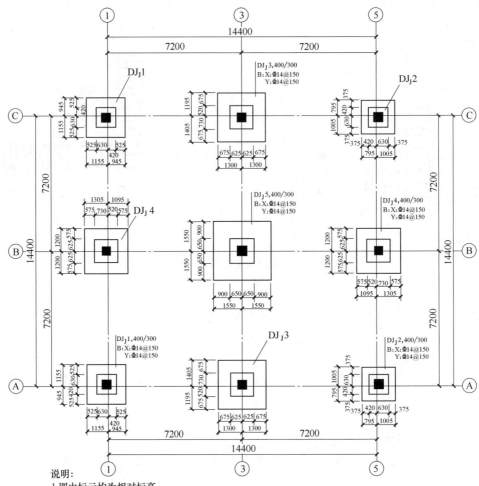

说明：
1. 图中标示均为相对标高。
2. 本工程采用独立柱基础，均以粉质黏土层作为持力层，地基承载力特征值 $f_{ak}=220\text{kPa}$，未注明基础顶标高均定为 -0.70m，基础底应以进入持力层大于或等于0.3m。
3. 本工程基础混凝土用C30，保护层厚度为40mm。钢筋用HRB400级（Φ），$f_y=360\text{N/mm}^2$。
4. 当基础底边长度A或B大于或等于2.5m时，除外侧钢筋外，其他该方向的钢筋长度可缩短10%，并交错放置，其构造做法见22G101-3 P70，独立柱基础表示见P12。
5. 预留柱的插筋，箍筋间距及其型式和底层柱的箍筋相同，但±0.00m以下柱保护层向外扩25mm。
6. 垫层用C15素混凝土，厚度为100mm。
7. 本表尺寸单位为mm，标高为m。
8. 当局部持力层埋藏较深时，需用C15素混凝土填至设计标高。
9. 其他说明详见结构设计总说明。
10. 本工程按6度设防，框架抗震等级为四级。

图 2-2-9 基础平面布置图

Φ18 钢筋（角筋）根数 $N=4$ 根，总长度 $=4\times2116=8464\text{mm}=8.464\text{m}$；

Φ16 钢筋（侧面筋）根数 $N=4$ 根，总长度 $=4\times2116=8464\text{mm}=8.464\text{m}$。

以上是计算纵向钢筋的预算长度，若要计算下料长度，则要考虑90°弯折的量度差，并要按照22G101-1 P65 或 18G901-1 P23 的构造详图将钢筋错位 50%。

柱纵向钢筋连接方式说明：

① 绑扎接头搭接长度 $l_{lE}=\zeta_1\times l_{aE}$

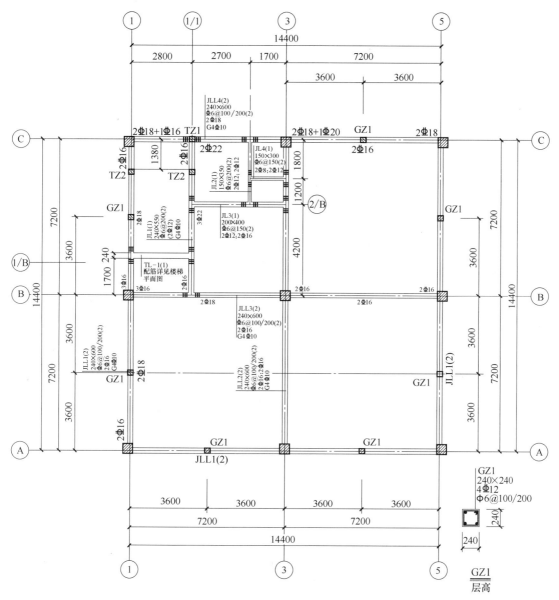

图 2-2-10　基础连系梁配筋平面图

基础连系梁顶标高均为 -0.70

未注明附加密箍为 $2 \times 3 \Phi$ "d" @50（箍筋直径及肢数同该梁箍筋）

其中，ζ_1 为纵向受拉钢筋搭接长度修正系数（22G101-1 P61、62），同一截面搭接百分率为 50% 时，取 $\zeta_1 = 1.4$。

② 机械接头（有直螺纹、锥螺纹、静力挤压套筒接头三种方式）

③ 电渣压力焊接接头

三种接头方式中，后两种不增加长度。直径＞16mm，但≤25mm 时可以采用电渣压力焊接，当钢筋直径＞25mm 时，则必须采用机械接头；当直径≤16mm 时，则必须采用绑扎接头，这时要增加搭接长度。本工程柱纵向钢筋采用电渣压力焊接头。

2. 箍筋计算（22G101-1 P67）

柱保护层厚度 $c=20$mm（22G101-1 P57）

$$\begin{aligned}
\text{大箍筋长度} &=[(b-2\times c-d)+(h-2\times c-d)]\times 2+2\times 12.9d\\
&=[(450-2\times 20-8)+(450-2\times 20-8)]\times 2+2\times 12.9\times 8\\
&=(402+402)\times 2+2\times 12.9\times 8\\
&=1608+206.4\\
&=1814.4\text{mm，取 }1815\text{mm}
\end{aligned}$$

$$\begin{aligned}
\text{基础内的箍筋个数} &=(h_1-100-3\times D_c)/500+1\geqslant 2\\
&=(632-154)/500+1\\
&=0.96+1\\
&=1.96\text{ 个，取 2 个（图 2-2-2）}
\end{aligned}$$

基础内不设复合箍筋（即小箍筋），基础内的箍筋主要是用来固定框架柱的纵向钢筋且当基础与框架柱交界处基础发生劈裂破坏时可起到防止纵向钢筋发生因混凝土劈裂破坏而被拔出。

基础内箍筋总长度 $=2\times 1815=3630$mm$=3.630$m

（二）首层钢筋计算（-0.700~3.870m 标高）

1. 纵向钢长度 = 首层层高 - 本层底部非连接区长度 + 上一层非连接区长度

$$\begin{aligned}
&=(3870+700)-4000/3+\max(H_{n2}/6,\text{柱长边},500)\text{（22G101-1 P65）}\\
&=4570-1333.3+\max(2730/6,450,500)\\
&=4570-1333.3+500\\
&=3736.7\text{mm，取 }3737\text{mm}
\end{aligned}$$

$\Phi 18$ 钢筋（角筋）根数 $N=4$ 根，总长度 $=4\times 3737=14948$mm$=14.948$m；

$\Phi 16$ 钢筋（侧面筋）根数 $N=4$ 根，总长度 $=4\times 3737=14948$mm$=14.948$m。

2. 箍筋计算 $\Phi 8@100/200$

（1）大箍筋长度同基础插筋处的箍筋 $=1815$mm

（2）小箍筋长度计算

计算公式见式（2-2-12）

$$\begin{aligned}
\text{横向箍筋长度} &=(b-2c-d)+2\times 12.9d\\
&=(450-2\times 20-8)+2\times 12.9\times 8\\
&=402+206.4=608.4\text{mm，取 }609\text{mm}
\end{aligned}$$

竖向箍筋长度计算同横向箍筋 $=609$mm。

（3）箍筋个数

按式（2-2-15）计算

首层柱箍筋个数 =[（首层柱底部非连接区高度 -50)/加密区箍筋间距 +1]+[（首层柱上部非连接区高度 -50)/加密区箍筋间距 +1]+[（梁高 -2×50)/加密区箍筋间距 +1]+（首层柱非加密区高度/非加密区箍筋间距 -1)

说明：底部加密区有两个条件：①柱底非连接区加密；② ± 0.00 有刚性地面上下各500mm 高的区域设加密区（22G101-1 P68，若室外地面也有刚性地面时也按此方法计算）。本工程 KZ3 在 ± 0.00 有刚性地面，如底部非连接区和 ± 0.00 上下各 500mm 高的区域加密区有重叠时，取大值。

① 柱根部 $H_{n1}/3$ 部分的个数 $=(H_{n1}/3-50)/$加密区间距$+1$

$$=(4000/3-50)/100+1$$

$$=(1333.3-50)/100+1$$

$$=12.8+1$$

$$=13.8 个$$

竖、横向小箍筋个数=大箍筋个数=13.8 个

② 柱上部非连接区箍筋个数

柱上部非连接区高度取 max（$H_{n1}/6$，柱长边，500）

箍筋个数 $=[\max(H_{n1}/6,柱长边,500)-50]/$加密区间距 $+1$

$$=[\max(4000/6,450,500)-50]/100+1$$

$$=(666.7-50)/100+1=7.2 个$$

竖、横向小箍筋个数=大箍筋个数=7.2 个

③ 梁高范围内（节点核心区）箍筋个数

箍筋个数 $=($梁高$-2\times50)/$加密区间距$+1=470/100+1=5.7$ 个，取 6 个（在这里如为小数时，要单独向上取整）

④ 柱非加密区箍筋个数

箍筋个数 $=($柱净高 $H_{n1}-$柱底部加密区高度$-$柱上部加密区高度$)/$非加密箍筋间距-1

$$=[(4570-570)-H_{n1}/3-\max(4000/6,450,500)]/200-1$$

$$=[4000-4000/3-\max(4000/6,450,500)]/200-1$$

$$=(4000-1333.3-666.7)/200-1$$

$$=2000/200-1=9 个$$

竖、横向箍筋个数=大箍筋个数=9 个

首层箍筋个数$=13.8+7.2+9+6=36$ 个

大箍筋总长度$=36\times1815=65340$mm$=65.340$m

小箍筋总长度：

竖向、横向（小）箍筋同插筋处的箍筋长度$=609$mm

竖向、横向（小）箍筋根数分别=大箍筋个数=36 个

横向（小）箍筋总长度$=36\times609$mm$=21924$mm$=21.924$m

竖向（小）箍筋总长度=横向（小）箍筋总长度$=21.924$m

小箍筋总长度=横向（小）箍筋总长+竖向（小）箍筋总长$=21.924\times2=43.848$m。

（二）中间层钢筋混凝土框架柱的钢筋量计算

1. 相邻两层框架柱截面、配筋均未变化时的钢筋长度计算

（1）纵向钢筋长度计算

纵向钢筋长度计算依据同首层柱，其计算式统一为：

纵向钢筋长度=中间层高-本层底部非连接区长度+上一层非连接区长度

$$(2-2-17)$$

（2）箍筋长度计算

1）复合箍筋长度计算

大、小箍筋长度计算见式（2-2-10）～式（2-2-14）

2）箍筋个数计算

框架柱在纵向钢筋的非连接区、节点核心区（框架梁与框架柱交接的区域）的区域加密箍筋；

中间层柱箍筋个数＝[（中间层柱底部非连接区高度－50）/加密区箍筋间距＋1]＋[（中间层柱上部非连接区高度－50）/加密区箍筋间距＋1]＋[（梁高－2×50）/加密区箍筋间距＋1]＋（中间层柱非加密区高度/非加密区箍筋间距－1）（22G101-1 P67）　　　　（2-2-18）

注：节点核心区的箍筋个数计算时要单独向上取整数个。

2. 相邻两层框架柱截面未变，但钢筋数量发生变化时的钢筋长度计算

（1）纵向钢筋长度计算

1）相邻两层框架柱钢筋直径相同，但根数不同

① 上层柱根数多于下层柱根数

施工的顺序是将多出的钢筋先按图 2-2-11、图 2-2-12（22G101-1 P65 或 18G901-1 P24）从本层的框架梁面插入下一层柱中锚固 $1.2l_{aE}$，并留出楼面一个柱非连接区高度，然后按常规方法连接纵向钢筋。因此纵向钢筋长度的计算按下列步骤进行。

a. 插筋长度计算

$$插筋长度＝中间层柱底部非连接区高度＋1.2l_{aE}　　　　（2-2-19）$$

b. 纵向钢筋长度按公式（2-2-17）计算

② 上层柱钢筋根数少于下层柱钢筋根数

施工的顺序是将下层柱多出的钢筋先按图 2-2-11、图 2-2-12（22G101-1 P65 或 18G901-1 P24）从上一层的框架梁底向上锚固 $1.2l_{aE}$ 的长度。

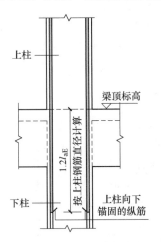

图 2-2-11　节点区柱纵向筋向下锚固构造

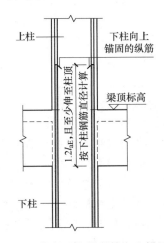

图 2-2-12　节点区柱纵向筋向上锚固构造

a. 上层柱钢筋长度计算

纵向钢筋长度按式（2-2-17）计算

b. 下层柱多出的钢筋的长度计算

$$纵向钢筋长度＝下一层柱净高－柱下部非连接区高度＋1.2l_{aE}　　　　（2-2-20）$$

2）相邻两层框架柱钢筋直径不同

① 上层柱根数多于下层柱根数

这种情况不多见，一般出现在荷载较大的顶层较大跨度柱网建筑的边、角柱中，按照图 2-2-13、图 2-2-14（22G101-1 P65），上层柱大直径钢筋向下层延伸与下层钢筋在下层柱的上部分两次绑扎搭接，限于篇幅，计算公式不再罗列，大家可以根据标准图集中的构造详图思考。

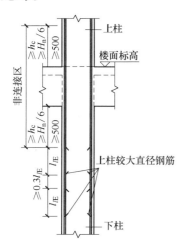

图 2-2-13　节点区上柱纵筋直径比下柱大　　　图 2-2-14　节点区上柱纵筋直径比下柱小

② 下层柱钢筋直径大于上层柱钢筋直径

这种情况一般常出现在高层建筑的中、下部楼层柱中，按照图 2-2-12（22G101-1 P65），下层柱较大直径钢筋在上一层与上层钢筋分两次绑扎搭接，直径差在 2mm 以内可以采用机械或焊接，为方便计算钢筋预算长度可以用两个搭接顶点（或对接点）的中间值计算下层与本层钢筋长度。限于篇幅，计算公式不再罗列，大家可以根据标准图集中的构造详图思考。

（2）箍筋长度计算

1）复合箍筋长度计算

大（小）箍筋长度计算见式（2-2-10）～式（2-2-14）。

2）箍筋个数计算

框架柱在纵向钢筋的非连接区、节点核心区（框架梁与框架柱交接的区域）加密箍筋。

框架柱的箍筋个数计算：

中间层箍筋个数计算见式（2-2-18）。

【例 2-2-2】　计算图 2-2-15 中 KZ3 二层钢筋长度。（接【例 2-2-1】完成 KZ3 中间层的钢筋计算）

二层钢筋计算（3.870～7.170m 标高）

1. 纵向钢筋计算（22G101-1 P65）

本层纵向钢筋在首层的钢筋用量的基础上增加了 $2 \Phi 16$ 纵向钢筋，插筋长度按式（2-2-19）计算

插筋长度＝中间层柱底部非连接区高度＋$1.2l_{aE}$

$$= \max(H_{n2}/6, 柱长边, 500) + 1.2 \times 35 \times 16$$

$$= \max(2730/6, 450, 500) + 1.2 \times 35 \times 16$$

$$= 500 + 672 = 1172\text{mm}, \text{取} 1.180\text{m}.$$

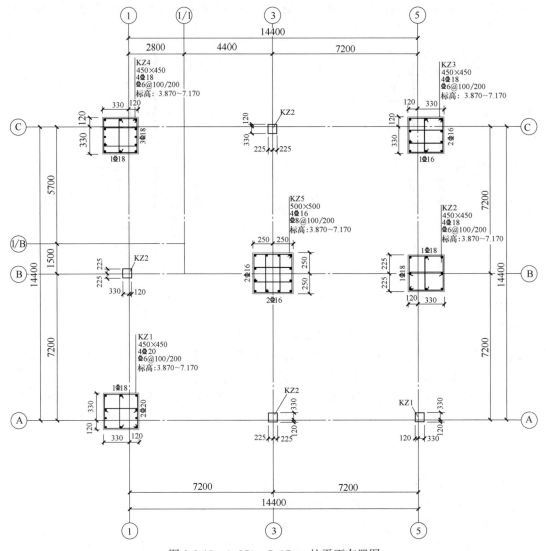

图 2-2-15　3.870～7.170m 柱平面布置图

插筋总长度 = $2 \times 1.180 = 2.360$m

纵向钢长度 = 二层层高 − 本层底部非连接区长度 + 上一层底部非连接区长度

$$= 3300 - \max(H_{n2}/6, 柱长边, 500) + \max(H_{n3}/6, 柱长边, 500)$$

$$= 3300 - 500 + 500 = 3300\text{mm}$$

Φ18 钢筋（角筋）根数 $N = 4$ 根，总长度 = $4 \times 3300 = 13200$mm = 13.2m；

Φ16 钢筋（侧面筋）根数 $N = 6$ 根，总长度 = $6 \times 3300 = 19800$mm = 19.8m。

2. 箍筋计算（22G101-1 P67）Φ6@100/200

（1）大箍筋长度按式（2-2-10）计算

大箍筋长度 = $[(b - 2 \times c - d) + (h - 2 \times c - d)] \times 2 + 2 \times 135°$弯钩长度

$$=[(450-2\times20-6)+(450-2\times20-6)]\times2+2\times(2.9\times6+75)$$

$$=(404+404)\times2+2\times92.4$$

$$=1616+184.8=1800.8\text{mm}，取1801\text{mm}。$$

大箍筋个数＝[(本层底部非连接区－50)/加密区间距＋1]＋[(本层上部非连接区－50)/加密区间距＋1]＋[(第三层梁高－2×50)/加密区间距＋1]＋[(本层层高－底部非连接区－上部非连接区－梁高)/非加密区间距－1]

$$=[(500-50)/100+1]+[(500-50)/100+1]+[(570-2\times50)/100+1]+[(3300-500-500-570)/200-1]$$

$$=(4.5+1)+(4.5+1)+(4.7+1)+(1730/200-1)$$

$$=5.5+5.5+6+7.65$$

$$=24.65\text{个，取}25\text{个。}$$

总长度＝25×1801＝45025mm＝45.025m

（2）竖向（小）箍筋长度

单肢竖向箍筋长度$=(h-2\times c-d)+2\times135°$弯钩长度

$$=(b-2\times c-d)+2\times(2.9\times6+75)$$

$$=(450-2\times20-6)+2\times92.4$$

$$=404+184.8$$

$$=588.8\text{mm，取}589\text{mm}$$

竖向（小）箍筋个数＝大箍筋个数＝25个

竖向（小）箍筋总长度＝25×589＝14725mm＝14.725m

横向（小）箍筋个数＝大箍筋个数＝25个

横向（小）箍筋为双肢箍按式（2-2-11）计算

双肢横向箍筋长度$=\{(b-2\times c-d)+[(h-2\times c-d\times2-D_c)/(m_c-1)]\times j+D_c+d\}\times2+2\times135°$弯钩长度

$$=\{(450-2\times20-6)+[(450-2\times20-6\times2-18)/(4-1)]\times1+18+6\}\times2+2\times(2.9\times6+75)$$

$$=[410-6+(380/3)\times1+18+6]\times2+2\times92.4$$

$$=(410+126.7+18)\times2+184.8$$

$$=1109.3+184.8=1294.1\text{mm，取}1295\text{mm}$$

横向（小）箍筋总长度＝25×1295＝32375mm＝32.375m

3. 相邻两层框架柱变截面时的钢筋长度计算

（1）纵向钢筋长度计算

1）相邻两层框架柱对称变截面

① 上层柱截面每边对称的缩减量与梁高之比$(\Delta/h_b)>1/6$

施工的顺序是将上柱的钢筋先按图 2-2-16（a）（22G101-1 P72）从本层的框架梁面插入到下一层柱中锚固 $1.2l_{aE}$ 并伸出楼面一个柱非连接区高度，然后按常规方法连接纵向钢筋。因此纵向钢筋长度的计算按下列步骤计算。

a. 插筋长度计算

$$插筋长度＝上层柱底部非连接区高度＋1.2l_{aE} \qquad (2-2-21)$$

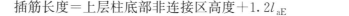

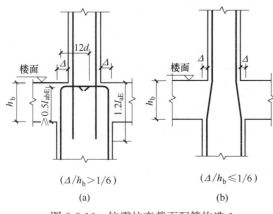

图 2-2-16 抗震柱变截面配筋构造 1

b. 上层柱纵向钢筋长度按式（2-2-17）计算

c. 下层柱纵向钢筋长度计算

$$纵向钢筋长度＝下一层柱净高－柱下部非连接区高度＋（梁高－c－d_b）＋12d \tag{2-2-22}$$

式中　d_b——梁箍筋直径。

② 上层柱截面对称的缩减量与梁高之比（Δ/h_b）≤1/6

施工的顺序是将上柱的钢筋先按图 2-2-16（b）（22G101-1 P72）将下一层柱纵向钢筋弯折并伸出楼面梁，然后按常规方法连接纵向钢筋。因此下层柱纵向钢筋长度按下列公式计算。

$$纵向钢筋长度＝下一层柱净高－柱下部非连接区高度＋ \tag{2-2-23}$$
$$梁高×k＋上一层柱下部非连接区高度$$

式中　k——长度系数，$k=\dfrac{\sqrt{h_b^2+\Delta^2}}{h_b}$。

2）相邻两层框架柱非对称变截面

① 上层柱截面改变一边的缩减量与梁高之比（Δ/h_b）＞1/6

施工的顺序是将上柱改变截面一边的钢筋先按图 2-2-17（a）（22G101-1 P72）从本层的框架梁面插入到下一层柱中锚固 $1.2l_{aE}$，并伸出楼面一个柱非连接区高度，然后按常规方法连接纵向钢筋，未改变截面一边的纵向钢筋按常规计算。因此纵向钢筋长度按下列步骤计算。

a. 变截面一边插筋长度计算

$$插筋长度＝上层柱底部非连接区高度＋1.2l_{aE} \tag{2-2-24}$$

b. 上层柱纵向钢筋长度按式（2-2-17）计算

c. 下层柱纵向钢筋长度计算

$$变截面一边纵向钢筋长度＝下一层净高－柱下部非连接区高度＋（梁高－c－d_b）＋12d \tag{2-2-25}$$

$$未变截面一边纵向钢筋长度＝下层高－下层底部柱非连接区长度＋上一层柱非连接区长度 \tag{2-2-26}$$

② 上层柱截面改变一边的缩减量与梁高之比（Δ/h_b）≤1/6

施工顺序是将上柱的钢筋先按图 2-2-17（b）（22G101-1 P72）将下一层柱纵向钢筋弯折并伸出楼面梁，然后按常规方法连接纵向钢筋。因此下层柱纵向钢筋长度按下列公式计算。

$$变截面一边纵向钢筋长度＝下一层柱净高－柱下部非连接区高度＋ \tag{2-2-27}$$
$$梁高×k＋上一层柱下部非连接区高度$$

式中　k——长度系数，$k=\dfrac{\sqrt{h_b^2+\Delta^2}}{h_b}$。

未变截面一边纵向钢筋长度按式（2-2-25）计算。

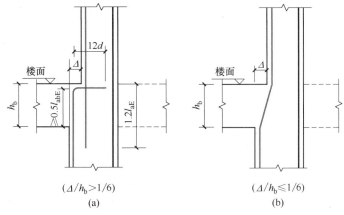

$(\Delta/h_b>1/6)$　　　　　　　　　$(\Delta/h_b\leqslant1/6)$

(a)　　　　　　　　　　　　　(b)

图 2-2-17　抗震柱变截面配筋构造 2

③ 上层边柱缩减一边截面时的纵向钢筋计算

施工的顺序是将上柱改变截面一边的钢筋先按图 2-2-18（22G101-1 P72）从本层的框架梁面插入到下一层柱中锚固 $1.2l_{aE}$ 伸出楼面一个柱非连接区高度，然后按常规方法连接纵向钢筋，未改变截面一边的纵向钢筋按常规计算。因此纵向钢筋长度的计算按下列步骤计算。

变截面一边插筋长度计算：

a. 插筋长度＝上层柱底部非连接区高度＋$1.2l_{aE}$

$$(2\text{-}2\text{-}20)$$

b. 上层柱纵向钢筋长度按式（2-2-17）计算

图 2-2-18　抗震柱变截面配筋构造 3

下层柱纵向钢筋长度计算：

变截面一边纵向钢筋长度＝下一层净高－柱下部非连接区高度＋（梁高－$c-d_b$）＋l_{aE}

$$(2\text{-}2\text{-}28)$$

未变截面一边纵向钢筋长度按式（2-2-26）计算。

（2）箍筋长度计算

1）复合箍筋长度计算

大、小箍筋长度计算见式（2-2-10）～式（2-2-14）

2）箍筋个数计算

框架柱在纵向钢筋的非连接区、节点核心区（框架梁与框架柱交接的区域）的区域加密箍筋。框架柱的箍筋个数计算见式（2-2-18）。

（三）顶层钢筋混凝土框架柱的钢筋量计算

1. 顶层中框架柱的钢筋长度计算

（1）纵向钢筋长度计算

纵向钢筋长度计算依据同中间层柱，其计算

式表达如下。

1）中柱纵向钢筋直锚

中柱顶层直锚配筋构造见图2-2-19（22G101-1 P72）。

$$纵向钢筋长度＝顶层净高－本层底部非连接区高度＋直锚长度 \qquad (2\text{-}2\text{-}29)$$

式中，直锚长度＝$\max[l_{aE}, h_b － c － d_b]$；$d_b$为梁箍筋直径；$h_b$为梁截面高度。

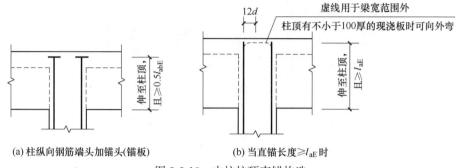

图2-2-19 中柱柱顶直锚构造

2）中柱纵向钢筋弯锚

中柱顶层弯锚配筋构造见图2-2-20（22G101-1 P72）。

$$纵向钢筋长度＝顶层净高－本层底部非连接区高度＋弯锚长度 \qquad (2\text{-}2\text{-}30)$$

式中，弯锚长度＝$\max[0.5l_{abE}＋12d, h_b － c － d_b ＋12d]$。

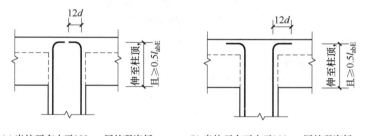

图2-2-20 中柱柱顶弯锚构造

（2）复合箍筋长度计算

大、小箍筋长度及个数计算同中间层的计算
方法。

2. 顶层边（角）框架柱的钢筋长度计算

纵向钢筋长度计算：

边柱是指位于建筑物一侧的框架柱，而角柱则是位于建筑物角部的框架柱，它有相邻的外侧边，布置在外侧边的钢筋均称为柱侧钢筋。纵向钢筋长度计算依据同首层柱。

边（角）柱外侧纵向钢筋在顶层框架梁内搭接配筋构造见图2-2-21（22G101-1 P70），现浇混凝土屋面中，只要板厚≥100mm，边柱外侧纵向钢筋不能锚固到屋面框梁内的均可锚固到板内，目前的实际工程绝大多数采用现浇混凝土屋面。边（角）柱外侧纵向钢筋在顶层柱内搭接配筋构造见图2-2-22（22G101-1 P71）。

（1）梁内搭接时，边（角）柱外侧纵向钢筋长度计算

1）边（角）柱所有外侧纵向钢筋全部锚入梁内

计算依据见图 2-2-21（a）（22G101-1 P70）。

$$\text{外侧纵向钢筋长度}=\text{顶层净高}-\text{本层底部非连接区高度}+\text{搭接长度} \tag{2-2-31}$$

式中，搭接长度$=\max[1.5l_{abE},h_b-c-d_b+15d]$。

2）边（角）柱 65％外侧纵向钢筋全部锚入梁内

计算依据见图 2-2-21（a）和（b）（22G101-1 P70）。

① 65％的外侧纵向钢筋长度$=$顶层净高$-$本层底部非连接区高度$+$搭接长度　（2-2-32）

式中，搭接长度$=\max[1.5l_{abE},h_b-c-d_b+15d]$。

② 35％外侧纵向钢筋长度$=$顶层净高$-$本层底部非连接区高度$+$锚固长度　（2-2-33）

式中，锚固长度$=(h_b-c-d_b-D_c)+(h_c-2\times c-2\times d_c-D_c)+8d$；$d_c$ 为柱箍筋直径；h_c 为柱截面长边（平行于框架梁跨方向）。

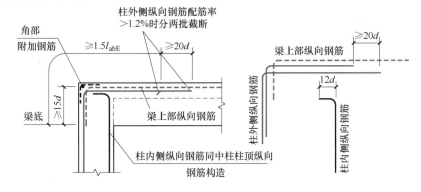

伸入梁内柱纵向钢筋做法(从梁底算起1.5l_{abE}超过柱内侧边缘)

(a) 柱外侧钢筋伸入梁内搭接

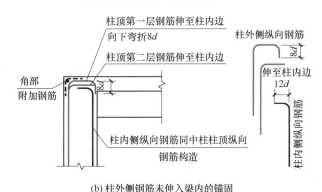

(b)柱外侧钢筋未伸入梁内的锚固

图 2-2-21　边（角）柱外侧钢筋梁内搭接构造

（2）梁内搭接时，边（角）柱内侧纵向钢筋长度计算方法同顶层中柱的计算方法，见式（2-2-29）、式（2-2-30）

边柱纵向钢筋在柱内与梁的支座顶部钢筋在柱内搭接时，纵向钢筋长度计算依据同首层柱。

（3）柱内搭接时，边（角）柱外侧纵向钢筋计算

计算依据见图 2-2-21（12G101-1 P70）。

外侧纵向钢筋长度＝顶层净高－本层底部非连接区高度＋锚固长度　　（2-2-34）

式中，锚固长度＝h_b-c-d_b。

（4）柱内搭接时，边（角）柱内侧纵向钢筋长度计算方法同顶层中柱的计算方法，见式（2-2-29）、式（2-2-30）

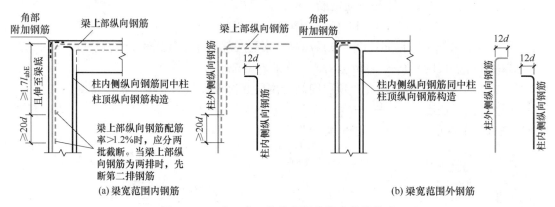

图 2-2-22　边（角）柱外侧钢筋柱内搭接构造

【例 2-2-3】　计算图 2-2-23 和图 2-2-24 中 KZ3 三（顶）层钢筋长度。

解：接【例 2-2-2】完成 KZ3 顶层的钢筋计算。

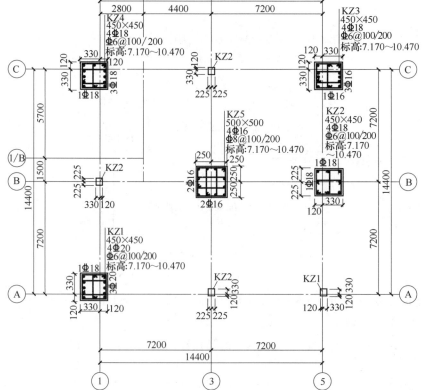

图 2-2-23　7.170～10.470m 柱平面布置

根据图 2-2-23 中 KZ3 所处位置，可以判断其是一个角柱，角柱的计算方法同边柱，角柱外侧纵向钢筋见图 2-2-24 阴影线范围内的钢筋。

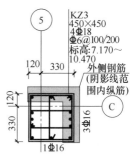

图 2-2-24 KZ3 角柱

三（顶）层钢筋计算（7.170~10.470m 标高）

1. 内侧纵向钢筋计算

依据图 2-2-19、图 2-2-20 或见 22G101-1 P72 ①、②、④ 大样，查 22G101-1 P59 得 $l_{aE}=35d=35\times16=560\text{mm}>h_b-c-d_b=570-20-6=544\text{mm}$，按式（2-2-29）计算内侧纵向钢筋长度。

（1）纵向钢筋长度＝顶层净高－本层底部非连接区高度＋弯锚长度

$$\begin{aligned}\Phi16\text{ 弯锚长度}&=\max(0.5l_{abE}+12d,h_b-c-d_b+12d)\\&=\max(0.5\times560+12\times16,570-20-6+12\times16)\\&=\max(472,736)=736\text{mm}\end{aligned}$$

同理，$\Phi18$ 弯锚长度＝760mm

$\Phi16$ 纵向钢筋长度＝$(3300-570)-500+736=2966\text{mm}$

$\Phi18$ 纵向钢筋长度＝$(3300-570)-500+760=2990\text{mm}$

外侧纵向钢筋（黑框内）

内侧钢筋 $\Phi16$ 根数 $N=4$ 根，总长度＝$4\times2966=11864\text{mm}=11.864\text{m}$；

内侧钢筋 $\Phi18$ 根数 $N=1$ 根，总长度＝$1\times2966=2966\text{mm}=2.966\text{m}$。

（2）外侧纵向钢筋计算

外侧纵向钢筋见图 2-2-24 阴影线范围内的钢筋，有 $3\Phi18$（角筋）＋$3\Phi16$＋$1\Phi16$（侧面筋），从图 2-2-24 中看到位于外角上的 $1\Phi18$ 角筋只能按图 2-2-21（b）计算，其余外侧钢筋均按图 2-2-21（a）计算。

$1\Phi18$（角筋）按式（2-2-32）计算。

外侧纵向钢筋长度＝顶层净高－本层底部非连接区高度＋锚固长度

$$\begin{aligned}\text{锚固长度}&=(h_b-c-d_b-D_c)+(h_c-2\times c-2\times d_c-D_c)+8d\\&=(570-20-6-18)+(450-2\times20-2\times6-18)+8\times18\\&=526+380+144=1050\text{mm}\end{aligned}$$

顶层净高＝2730mm

本层底部非连接区高度＝500mm

$1\Phi18$（角筋）纵向钢筋长度＝顶层净高－本层底部非连接区高度＋锚固长度

$$=2730-500+1050=3280\text{mm}$$

$2\Phi18$ 外侧纵向钢筋长度按式（2-2-31）计算。

钢筋长度＝顶层净高－本层底部非连接区高度＋搭接长度

$$\begin{aligned}\text{搭接长度}&=\max(1.5l_{abE},h_b-c-d_b+15d)\\&=\max(1.5\times630,570-20-6+15\times18)\\&=\max(945,814)=945\text{mm}\end{aligned}$$

钢筋长度＝顶层净高－本层底部非连接区高度＋搭接长度

$$=2730-500+945=3175mm$$

4Φ16 外侧纵向钢筋长度按式（2-2-31）计算

$$搭接长度=\max(1.5l_{abE},h_b-c-d_b+15d)$$
$$=\max(1.5\times560,570-20-6+15\times16)$$
$$=\max(840,784)=840mm$$

钢筋长度＝顶层净高－本层底部非连接区高度＋搭接长度
$$=2730-500+840=3070mm$$

Φ18 根数 $N=3$ 根
$$总长度=1\times3280+2\times3175=9630mm=9.63m$$

Φ16 根数 $N=4$ 根
$$总长度=4\times3070=12280mm=12.280m$$

2. 柱角部附加钢筋计算

由于柱顶部外侧钢筋弯折时的内径较大，容易造成柱顶角部形成素混凝土区域，因此需要设置角部构造钢筋，如图 2-2-25 所示（22G101-1 P71），其中节点纵向钢筋弯折要求见图 2-2-26。

图 2-2-25　角部附加钢筋

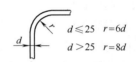

图 2-2-26　节点纵向钢筋弯折要求

（1）构造筋φ10：钢筋长度＝300＋300＝600mm

根数＝（柱宽－2×c)/150+1=(450-2×20)/150+1=3.73 根，取 4 根。KZ3 为角柱，有两个外侧面，所以钢筋根数为 2×4＝8 根，钢筋总长度＝600×8＝4800mm＝4.8m。

（2）分布筋φ10：钢筋长度＝（柱宽－2×c)×2=(450-2×20)×2=820mm

根数＝1 根

钢筋总长度＝820×1＝820mm＝0.82m

3. 箍筋计算（22G101-1 P67）

（1）大箍筋长度同二层大箍筋长度＝1801mm

大箍筋个数＝[（本层底部非连接区－50)/加密区间距+1]+[（本层上部非连接区－50)/加密区间距+1]+[（屋面梁高－2×50)/加密区间距+1]+[（本层层高－底部非连接区－上部非连接区－梁高)/非加密区间距-1]
$$=[(500-50)/100+1]+[(500-50)/100+1]+[(570-2\times50)/100+1]+[(3300-500-500-570)/200-1]$$
$$=(4.5+1)+(4.5+1)+6+(1730/200-1)$$
$$=5.5+5.5+6+7.65$$
$$=25.65-1=24.65 个，取 25 个$$

总长度＝25×1801＝45025mm＝45.025m

（2）竖向（小）箍筋长度同二层竖向（小）箍筋长度＝589mm

竖向（小）箍筋个数＝大箍筋个数＝25 个

竖向（小）箍筋总长度＝25×589＝14725mm＝14.725m

横向（小）箍筋个数＝大箍筋个数＝25 个

横向（小）箍筋为双肢箍按式（2-2-11）计算

$$双肢横向箍筋长度＝\{(b-2×c-d)+[(h-2×c-d×2-D_c)/(m_c-1)]×j+D_c+d\}×2+2×135°弯钩长度$$

$$＝\{(450-2×20-6)+[(450-2×20-6×2-18)/(5-1)]×2+16+6\}×2+2×(2.9×6+75)$$

$$＝[410-6+(380/4)×2+16+6]×2+2×92.4$$

$$＝(410+190+16)×2+184.8$$

$$＝1232+184.8＝1416.8mm，取 1417mm$$

横向（小）箍筋总长度＝25×1417＝35425mm＝35.425m

【例 2-2-4】　计算图 2-2-1、图 2-2-14、图 2-2-23 中 KZ5（从下至上）的钢筋长度。

解：（一）基础插筋计算

1. 纵向钢筋计算

图 2-2-1 中的 KZ5 对应图 2-2-9 中的 DJ_J5，从图 2-2-9 中的基础列表中查到基础高度 $h_j＝700mm$，基础第二阶宽度为 400mm，基础保护层厚度为 40mm，双向底筋为 Φ14@150，混凝土强度等级为 C30。

KZ5 纵向钢筋 4Φ16（角筋）+8Φ16（侧面筋）进入基础内的直线段长度：

$h_1＝700-40-2×14＝632mm$（22G101-1 P59）

纵向钢筋抗震锚固长度 $l_{aE}＝35d＝35×16＝560mm<h_1$

所以，纵筋在基础内的弯折长度 a 取值按式（2-2-3）[或见 22G101-3 P66 图（a）]

4Φ16（角筋）$a＝\max(6d,150)＝\max(6×16,150)＝\max(96,150)$，取 150mm；

8Φ16（侧面筋）$a＝\max(6d,150)＝\max(6×16,150)＝\max(96,150)$，取 150mm。

$$基础插筋长度＝H_{n1}/3+h_1+a（22G101-3 P66）$$

$$＝(3870+700-600)/3+632+150$$

$$＝3970/3+782＝1323.3+782＝2105.3mm，取 2106mm$$

钢筋的根数 $N＝12$ 根

总长度＝12×2106＝25272mm＝25.272m

2. 箍筋计算（22G101-1 P67）Φ8@100/200

柱保护层厚度 $c＝20mm$（22G101-1 P57）

$$大箍筋长度＝[(b-2c-d)+(h-2c-d)]×2+2×12.9d$$

$$＝[(500-2×20-8)+(500-2×20-8)]×2+2×12.9×8$$

$$＝(452+452)×2+2×12.9×8＝1808+206.4$$

$$＝2014.4mm，取 2015mm$$

$$基础内的个数＝(h_1-100-3d)/500+1＝(h_j-c-d_X-d_Y-100-3×16)/500+1≥2$$

$$＝(700-40-2×14-148)/500+1$$

$$＝0.97+1$$

$$＝1.97 根，取 2 根 [22G101-3 P66 图（a）、（c）]$$

基础内不设复合箍筋（即不设小箍筋）

基础内总长度＝2×2015＝4030mm＝4.030m

（二）首层钢筋计算（－0.70～3.870m 标高）（22G101-1 P65）

1. 纵向钢筋长度＝首层层高－本层底部非连接区高度＋上一层非连接区高度

$$＝(3870＋700)－3970/3＋\max(H_{n2}/6,柱长边,500)$$
$$＝4570－1323.3＋\max(2700/6,500,500)$$
$$＝4570－1323.3＋500＝3746.7mm，取 3747mm$$

根数 $N＝12$ 根

总长度＝12×3747＝44964mm＝44.964m

2. 箍筋计算 $\Phi8@100/200$

（1）大箍筋长度同基础插筋处的箍筋＝2015mm

（2）小箍筋长度计算

$$横向箍筋长度＝\{(b-2×c-d)＋[(h-2×c-d×2-D_c)/(m_c-1)]×j＋D_c＋d\}×$$
$$2＋2×12.9d$$
$$＝\{(500-2×20-8)＋[(500-2×20-8×2-16)/(4-1)]×1＋16＋$$
$$8\}×2＋2×12.9×8$$
$$＝\{460-8＋[(460-16-16)/3]×1＋16＋8\}×2＋206.4$$
$$＝(460＋158.7)×2＋206.4$$
$$＝1237.4＋206.4$$
$$＝1443.8mm，取 1444mm$$

竖向箍筋长度计算同横向箍筋＝1444mm

（3）首层柱箍筋个数按式（2-2-15）计算

首层柱箍筋个数＝[（首层柱底部非连接区高度－50）/加密区箍筋间距＋1]＋[（首层柱上部非连接区高度－50）/加密区箍筋间距＋1]＋[（梁高－2×50）/加密区箍筋间距＋1]＋（首层柱非加密区高度/非加密区箍筋间距－1）（22G101-1 P67）

① 柱底部非连接区箍筋个数（$H_{n1}/3$）中的个数

说明：底部加密区有两个条件：a. 柱底非连接区加密；b. ±0.00 有刚性地面上下各500mm 高的区域设加密区（22G101-1 P67），若室外地面也有刚性地面时也按此方法计算。本工程 KZ5 在 ±0.00 有刚性地面，如底部非连接区和 ±0.00 上下各 500mm 高的区域加密区有重叠时，取大值。

$$柱根部 H_{n1}/3 部分的个数＝(H_{n1}/3-50)/加密区间距＋1$$
$$＝(3970/3-50)/100＋1$$
$$＝(1323.3-50)/100＋1$$
$$＝12.7＋1＝13.7 个$$

竖、横向小箍筋个数＝大箍筋个数＝13.7 个

② 柱上部非连接区箍筋个数

柱上部非连接区高度取 $\max(H_{n1}/6,柱长边,500)$

箍筋个数＝$[\max(H_{n1}/6,柱长边,500)-50]/加密区间距＋1$

$$=[\max(3970/6,500,500)-50]/100+1$$
$$=(661.7-50)/100+1=7.1 \text{ 个}$$

竖、横向小箍筋个数=大箍筋个数=7.1 个

③ 梁高范围内（节点核心区）箍筋个数

箍筋个数=（梁高-2×50）/加密区间距+1=500/100+1=6 个（在这里如为小数时，要单独向上取整）

④ 柱非加密区箍筋个数

箍筋个数=（柱净高 H_{n1}-柱底部加密区高度-柱上部加密区高度）/非加密箍筋间距-1

$$=[4570-600-H_{n1}/3-\max(3970/6,500,500)]/200-1$$
$$=[4570-600-3970/3-\max(3970/6,500,500)]/200-1$$
$$=(4570-600-1323.3-661.7)/200-1$$
$$=1985/200-1$$
$$=8.9 \text{ 个}$$

纵、横向箍筋个数=大箍筋个数=8.9

首层箍筋个数=13.7+8.9+7.1+6=35.7，取 36 个

大箍筋总长度=36×2015=72540mm=72.540m

小箍筋总长度

竖向、横向（小）箍筋长度=1444mm

竖向、横向（小）箍筋根数分别=大箍筋个数=36 个

横向（小）箍筋总长度=36×1444mm=51984mm=51.984m

竖向（小）箍筋总长度=横向（小）箍筋总长度=51.984m

（三）二层钢筋计算（3.870～7.170m 标高）

1. 纵向钢筋长度计算（12 Φ 16）（22G101-1 P65）

纵向钢筋长度=二层层高-本层底部非连接区高度+上一层底部非连接区高度
$$=3300-\max(H_{n2}/6,\text{柱长边},500)+\max(H_{n1}/6,\text{柱长边},500)$$
$$=3300-500+500=3300mm$$

根数 N=12 根

总长度=12×3300=39600mm=39.6m

2. 箍筋计算（22G101-1 P67）Φ 8@100/200

（1）大箍筋长度同首层大箍筋长度=2015mm

大箍筋个数=[（本层底部非连接区-50）/加密区间距+1]+[（本层上部非连接区-50）/加密区间距+1]+[（第三层梁高-2×50）/加密区间距+1]+（本层非加密区高度/非加密区间距-1）

$$=(450/100+1)+(450/100+1)+(500/100+1)+[(3300-500-500-600)/200-1]$$
$$=(4.5+1)+(4.5+1)+6+(8.5-1)$$
$$=5.5+5.5+6+7.5=24.5 \text{ 个,取 25 个}$$

总长度=25×2015=50375mm=50.375m

（2）竖、横向（小）箍筋长度同首层小箍筋长度=1444mm

竖、横向（小）箍筋个数分别＝大箍筋个数＝25 个

竖向（小）箍筋总长度＝25×1444＝36100mm＝36.100m

横向（小）箍筋总长度＝竖向（小）箍筋总长度＝36.100m

（四）顶（三）层钢筋计算（7.170～10.470m 标高）

1. 纵向钢筋计算（12 Φ 16）（22G101-1 P72）

判别柱顶是否直锚

$l_{aE}＝35d＝35×16＝560＜h_b－c－d_b＝600－20－8＝572mm$

可以直锚，见图 2-2-21 或 22G101-1 P72 大样④；若 $l_{aE}＞h_b－c－d_b$ 则需弯锚，见图 2-2-21（a）、（b）或 22G101-1 P72 大样①、②。

纵向钢筋长度＝顶层净高－本层底部非连接区+锚固长度

$$＝3300－600－\max(H_{n3}/6,柱长边,500)+h_b－c－d_b$$
$$＝2700－\max(2700/6,500,500)+572＝2700－500+572＝2772mm$$

钢筋根数 $N＝12$ 根

总长度＝12×2772＝33264mm＝33.264m

2. 箍筋计算（22G101-1 P67） Φ 8@100/200

（1）大箍筋长度同二层＝2015mm

箍筋个数＝[（本层底部非连接区高度－50）/加密区间距+1]+[（本层上部非连接区高度－50）/加密区间距+1]+[（屋面梁高－2×50）/加密区间距+1]+（本层非加密区高度/非加密区间距－1）

$$＝(450/100+1)+(450/100+1)+(500/100+1)+[(3300－500－500－600)/200－1]$$
$$＝5.5+5.5+6+7.5＝24.5 个，取 25 个$$

大箍筋总长度＝25×2015＝50375mm＝50.375m

（2）竖、横向小箍筋长度同二层小箍筋长度＝1444mm

竖、横向小箍筋个数分别＝大箍筋个数＝25 个

竖向（小）箍筋总长度＝25×1444＝36100mm＝36.100m

横向（小）箍筋总长度＝竖向（小）箍筋总长度＝36.100m

（四）钢筋混凝土梁上柱、剪力墙上柱、转换柱的钢筋量计算

1. 梁上柱的钢筋长度计算

22G101-1 图集中，梁上柱修订为梁上起框架柱，是指支撑在框架梁上的钢筋混凝土柱，其在支撑梁内锚固构造见图 2-2-27（22G101-1 P68），柱纵向钢筋连接构造与框架柱相同（22G101-1 P65）。

（1）纵向钢筋长度计算

纵向钢筋长度计算依据同有嵌固端的框架柱，其计算式表达如下。

1）纵向钢筋梁内插筋计算

$$插筋长度＝本层底部非连接区高度+锚固长度 \qquad (2-2-35)$$
$$锚固长度＝\max(0.6l_{abE}+15d,h_b－c－d_b+15d)$$

式中，d_b 为梁箍筋直径；h_b 为梁截面高度；$0.6l_{abE}≥20d$ 为设计要求。

柱底部非连接区高度：取 $≥H_n/3$；施工下料要考虑错开 50%。

2）支撑梁内箍筋计算

插筋在支撑梁内所设箍筋要求同框架柱在基础内的要求，即只设大箍筋，箍筋间距≤500mm，且不少于两道箍，箍筋长度、个数计算式分别按式（2-2-5）、式（2-2-10）。

（2）其他各层柱的钢筋长度计算

其他各层梁柱的配筋构造、钢筋长度的计算方法与框架柱的完全相同。本套图纸在楼梯间的顶层设有 3 个梁上柱。

2. 剪力墙上柱的钢筋长度计算

剪力墙上柱是指支撑在剪力墙上的钢筋混凝土柱，其在支撑墙内锚固构造见图 2-2-28（18G901-1 P108）和图 2-2-29（22G101-1 P68），柱纵向钢筋连接构造与框架柱相同（22G101-1 P65、P66）。

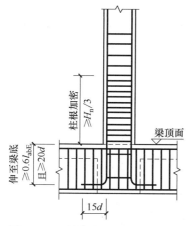

图 2-2-27　梁上起柱 KZ 纵筋构造

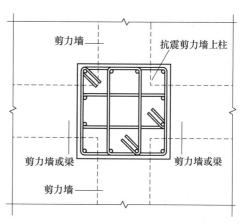

图 2-2-28　剪力墙上柱 QZ 构造

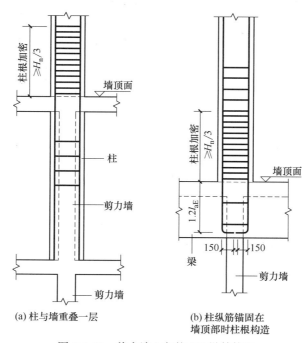

（a）柱与墙重叠一层　　（b）柱纵筋锚固在墙顶部时柱根构造

图 2-2-29　剪力墙上起柱 KZ 纵筋构造

（1）纵向钢筋长度计算

纵向钢筋长度计算依据同有嵌固端的框架柱，其计算式表达如下。

1）纵向钢筋墙内插筋计算

柱纵向钢筋需要从起点楼面向下延伸一层。

$$插筋长度＝本层底部非连接区高度＋锚固长度 \qquad (2-2-36)$$

式中，锚固长度＝下一层楼层高度；柱底部非连接区高度：取$\geqslant H_n/3$。

2）支撑墙内箍筋计算

插筋在支撑墙内所设箍筋要求同框架柱的要求，因此计算方法也同框架柱。

（2）其他各层的柱钢筋长度计算

其他各层剪力墙上柱的配筋构造、钢筋长度的计算方法与框架柱的完全相同。

3. 转换柱的钢筋长度计算

转换柱是指组成转换结构——框支框架的钢筋混凝土柱，框支框架支撑的是不能落地的竖向构件（剪力墙或者柱）。转换柱的配筋构造见图2-2-30、图2-2-31（18G901-1 P110、P111）。

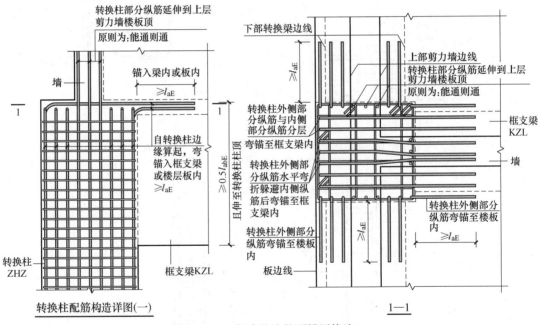

图 2-2-30　框支柱边柱顶锚固构造1

（1）纵向钢筋长度计算

纵向钢筋长度在首层、中间层的计算同框架柱，顶层分边柱与中柱，除延伸至上一层的纵向钢筋按普通框架柱的纵向钢筋计算外，其他转换柱纵向钢筋的计算如下。

1）边柱纵向钢筋计算

a. 外侧纵向钢筋长度＝本层净高－本层底部非连接区高度＋梁内搭接长度 （2-2-37）

式中，梁内搭接长度＝$(h_b-c-d_b)+(h_c-c-d_c)+l_{aE}(l_a)$。$d_b$为框支梁箍筋直径；$h_b$为框支梁截面高度；$d_c$为转换柱箍筋直径；$h_c$为转换柱平行于梁跨方向的截面边长（高度）。

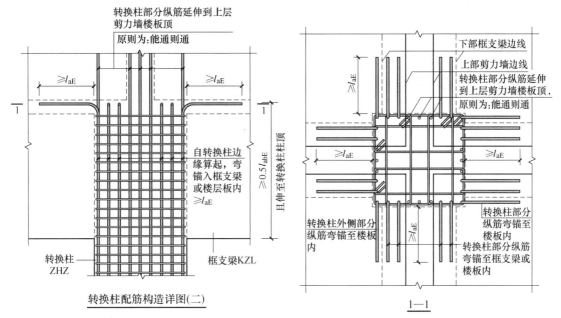

图 2-2-31　框支柱边柱顶锚固构造 2

b. 内侧纵向钢筋长度＝本层净高－本层底部非连接区高度＋梁内锚固长度 （2-2-38）

式中，梁内锚固长度＝$c+d_c+l_{aE}$。

2）中柱纵向钢筋计算

计算方法同边柱内侧纵向钢筋，按式（2-2-38）计算。

（2）箍筋长度计算

箍筋长度、个数计算方法同框架柱。

任务三

钢筋混凝土梁

第一节　钢筋混凝土梁的基本知识

一、钢筋混凝土梁分类

在框架结构或框架—剪力墙结构中，组成框架的水平承重构件称为框架梁，根据其受力特点可分为如下形式：

$$
梁\begin{cases}
框架梁（KL）\begin{cases}楼层框架梁（KL）\\ 楼层框架扁梁（KBL）\\ 屋面框架梁（WKL）\end{cases}\\
框支梁（KZL）\\
托柱转换梁（TZL）\\
悬挑梁（XL）\\
非框架梁（L）\\
井字梁（JZL）
\end{cases}
$$

钢筋混凝土结构的抗震等级是根据房屋的类别、设防烈度、结构承重类型和房屋高度采用特一级和一、二、三、四级等不同的抗震等级，等级越小，要求越高。在一栋建筑物的结构设计总说明中，结构设计人员会按照以上要求对房屋的结构类型、类别及设防烈度、抗震等级作出说明。工程造价及施工人员必须按照结构设计总说明中的要求并按照现行 G101、G329、G901 系列结构构造标准图集等计算钢筋的预算长度或下料长度。

下面就以任务二中的小型综合楼为例，说明楼面、屋面框架梁（或非框架梁）的纵向钢筋在框架柱内（或梁内）的锚固作法，并列出计算公式和计算过程。

二、钢筋混凝土梁中配置的钢筋种类及作用

1. 梁中配置的钢筋种类

梁中配置的钢筋有纵向受力钢筋、架立筋、腰筋（梁两侧腹部纵向钢筋）、箍筋、拉结筋及吊筋等。

2. 梁中配置的钢筋作用

（1）纵向受力钢筋（图 3-1-1）

1）承担由重力等直接作用在梁中产生的拉应力，防止混凝土产生较大的裂缝。

图 3-1-1 框架梁配筋实拍

2）承担由温度、地基不均匀沉降等间接作用在梁中产生的拉应力。

3）承担地震作用在梁中产生的拉应力。

（2）箍筋

1）与混凝土一起共同承担竖向剪力及扭矩产生的剪应力。

2）固定梁纵向钢筋的位置，与其一起形成钢筋骨架。

（3）腰筋

1）承担扭矩产生的剪应力。

2）承担混凝土收缩应力。

（4）拉结筋

固定梁中腰筋的位置，并增强箍筋的竖向稳定性。

（5）吊筋

1）承担次梁传至梁腹部的集中力，防止梁混凝土发生局部冲切破坏。

2）将次梁传来的集中力传递到梁顶。

第二节 钢筋混凝土梁的钢筋量手工计算

一、某工程三层小型框架结构综合楼施工图

本工程位于湖南长沙市，6 度抗震设防，框架抗震等级为四级。本套完整的建筑及结构施工图见附录图纸，图 3-2-1 为部分截图。

二、钢筋混凝土梁配筋的标准构造做法

按照传统的教学方法，学生在学习建筑制图理论时都是按照正投影的方法绘制结构施工图，按此方法绘制的框架梁、非框架梁等结构构件的配筋施工图表达清楚，很容易看懂钢筋的做法，自然也容易计算出框架梁等结构构件的钢筋用量，但是这种传统的制图方法

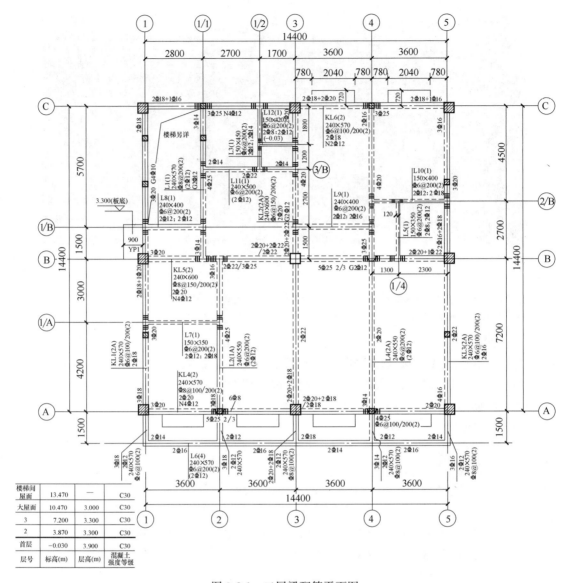

图 3-2-1 二层梁配筋平面图

未注明附加密箍为 $2×3$ "d" @50（箍筋直径及肢数同该梁箍筋），未注明梁吊筋为 $2\oplus12$

已不能适应目前大规模的工程建设，于是就有了国家建筑标准设计图集《混凝土结构施工图平面整体表示方法制图规则和构造详图》（按此表示法绘制的混凝土结构施工图简称平法施工图），这个标准图集经过十几年的应用，已发展到 22G101-1～3 和与之配套的国家建筑标准设计图集《混凝土结构施工钢筋排布规则与构造详图》18G901-1～3。作为设计、施工、监理、造价及建设管理人员都应按照这两个系列的标准图集指导工作。对于钢筋混凝土梁的配筋构造详图分楼（屋）面框架梁纵向钢筋的锚固与搭接构造及梁柱交节点（梁变截面处）梁纵向钢筋构造、非框架梁纵向钢筋的锚固与搭接构造、悬臂梁配筋构造、框架梁与非框架梁箍筋与腰筋的配筋构造、主次梁交接处附加箍筋（或吊筋）配筋构造（见 22G101-1、18G901-1，疑难解答见 17G101-11）。

三、钢筋混凝土梁钢筋量手工计算

要计算钢筋混凝土梁的钢筋用量，首先要弄清楚钢筋混凝土梁内配有哪些钢筋，配置的钢筋有哪些标准构造规定（构造就是指为保证结构或结构构件安全可靠而对结构构件连接节点或构件自身的配筋方式、在支座内的锚固方式、要求等做出的规定，这些规定都要符合《混凝土结构设计规范》的要求），能够看懂按平法制图规则绘制的梁平法施工图，然后按照梁纵向钢筋在框架柱（或梁）内的锚固等标准构造将梁钢筋量计算出来。下面就按如图 3-2-1 所示梁平法施工图、G101-1 及与之配套使用 G901-1 分别讲解梁内配置的纵向受力钢筋（见图 3-2-2）、箍筋在楼层及屋面层的钢筋计算方法。

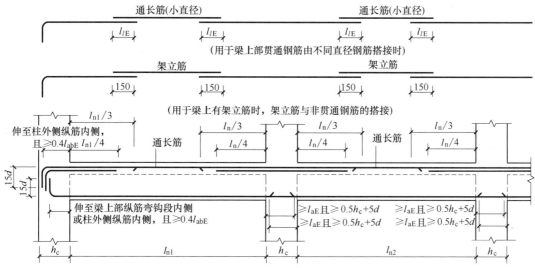

图 3-2-2　抗震楼层框架梁纵向钢筋构造

l_n—梁净跨（梁相邻支座间内侧间的距离）

（一）楼层钢筋混凝土框架梁的钢筋量计算

1. 楼面框架梁在框架柱内的锚固长度计算

锚固长度是指构件的纵向受力钢筋在强度充分利用时为满足受力要求而伸入支座内的长度。钢筋混凝土框架梁的支座就是框架柱（或少数情况下可能个别支座是另一根与其垂直相交的框架梁）。框架梁在框架柱内的锚固根据柱平行梁跨长方向的边长 h_c 的大小可分为直线锚固（简称直锚）和弯折锚固（简称弯锚）两种，见图 3-2-3、图 3-2-4（22G101-1 P89、P96）。

判别框架梁纵向受力钢筋是否直锚，见下列公式：

$$l_{aE} \leqslant h_c - c - d_c - D_c \tag{3-2-1}$$

满足式（3-2-1）为直锚，否则为弯锚。

式中　h_c——框架柱平行梁跨方向边长；

　　　c——柱钢筋保护层厚度；

　　　d_c——框架柱箍筋直径；

　　　D_c——框架柱纵向钢筋直径。

框架梁纵向受力钢筋直锚长度＝$\max[l_{aE},h_c/2+5d]$ (3-2-2)

框架梁纵向受力钢筋弯锚长度＝$\max[0.4l_{abE}+15d,h_c-c-d_c-D_c+15d]$ (3-2-3)

注意：无论是上部第一排还是第二排纵向钢筋，也无论是下部第一排还是第二排纵向钢筋 $h_c-c-d_c-D_c$ 应＞$0.4l_{abE}$，且留有钢筋错位间隙（见图3-2-4、图3-2-6，来自于18G901-1 P31～32），否则应通知设计人员修改设计。

式中，l_{aE}、l_{abE} 所代表的意义见任务二中的计算式及解释；d 为要计算长度的钢筋直径。

2. 楼层等截面矩形框架梁的钢筋长度计算

框架梁上部钢筋长度计算：

（1）边支座钢筋长度计算

第一排边支座钢筋长度＝$l_n/3+$支座锚固长度   (3-2-4)

第二排边支座钢筋长度＝$l_n/4+$支座锚固长度   (3-2-5)

上部受力钢筋直锚时，第一排与第二排钢筋长度没有区别；但为弯锚时，施工下料就要考虑一、二排钢筋之间的净距应≥25mm（见图3-2-4、图3-2-5），并要扣除90°的量度差（每个90°的量度差约为2d）。当计算钢筋预算长度时，为简化计算不考虑两者之间的净距及量度差，可取两者的锚固长度等长。另外还要注意上（下）部一、二排纵筋之间应满足《混凝土结构设计规范》GB 50010 规定的净距≥25mm，且≥d（纵筋直径）的构造要求，故施工中要在一、二排钢筋之间添加ϕ25（d）@2000的横向短钢筋，长度＝b_b-c-d_b。

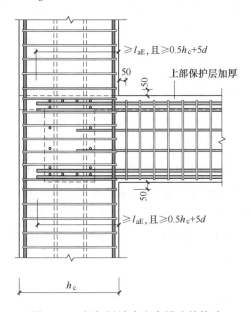

图3-2-3 框架梁端支座直锚连接构造

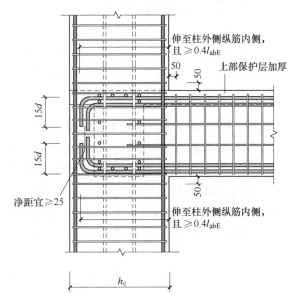

图3-2-4 中间楼层框架梁端支座弯锚连接构造（弯折段不重叠）

（2）中间支座钢筋长度计算

第一排中间支座钢筋长度＝$2\times\max(l_{n1}/3,l_{n2}/3)+$中间支座宽度   (3-2-6)

第二排中间支座钢筋长度＝$2\times\max(l_{n1}/4,l_{n2}/4)+$中间支座宽度   (3-2-7)

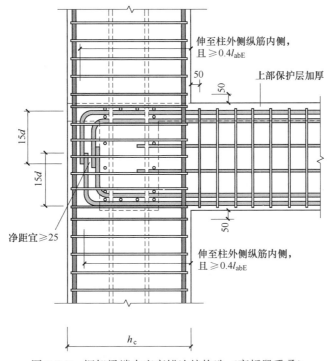

图 3-2-5　框架梁端支座弯锚连接构造（弯折段重叠）

式中　l_{n1}、l_{n2}——多跨框架梁相邻跨的净跨。

（3）上部通长钢筋长度计算

1）通长钢筋直径与支座钢筋直径相同时的长度计算

通长钢筋长度＝梁总净长(扣除两端框架柱边长 h_c)＋ 左、右端支座锚固长度

$$\text{（3-2-8）}$$

2）通长钢筋直径与支座钢筋直径不相同时的长度计算

每跨通长筋长度＝梁净跨(l_n)－左、右支座第一排负筋伸入跨中长度($l_n/3$)＋$2×l_{lE}$

$$\text{（3-2-9）}$$

式中　l_{lE}——纵向受拉钢筋抗震绑扎搭接长度。

$$l_{lE}=\zeta_l×l_{aE} \qquad \text{（3-2-10）}$$

式中　ζ_l——纵向受拉钢筋绑扎搭接长度修正系数（22G101-1 P62）。

通长钢筋的根数由设计确定，按抗震要求不少于 2Φ12，一般情况下为两根。计算搭接长度时，应采用较小钢筋直径。

（4）上部架立钢筋长度计算

当框架梁的箍筋采用多肢箍筋（多于两肢）时，若通长钢筋为两根，这时多出箍筋肢数就要用架立筋固定。

每跨架立钢筋长度＝梁净跨(l_n)－左、右支座第一排负筋伸入跨中长度($l_n/3$)＋$2×150$

$$\text{（3-2-11）}$$

【例 3-2-1】　计算图 3-2-6 中 KL5（2）的上部纵向受力钢筋长度，本图截取自图 3-2-1。

解：1. 2Φ20 通长筋计算

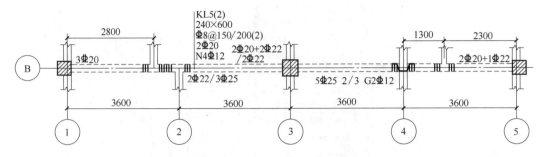

图 3-2-6　KL5（2）平法配筋图

判断是否直锚：查 22G101-1 P59，可知 $l_{aE}=35d=35\times20=700\text{mm}>$
$h_c-c-d_c-D_c=450-20-8-18=404\text{mm}$，所以只能弯锚

锚固长度＝$\max(0.4l_{abE}+15d$，支座宽$-c-d_c-D_c+15d)$

左（右）支座锚固长度＝$\max(0.4l_{abE}+15d$，$h_c-c-d_c-D_c+15d)$

$$=\max(0.4\times35\times20+15\times20，404+15\times20)=704\text{mm}$$

通长筋长度＝梁净跨＋右支座锚固长度＋左支座锚固长度

$$=(14400-120-120)+704\times2$$

$$=15568\text{mm}（按 8m 一个接头，1 个闪光对焊接头）$$

根数 $N=2$ 根，总长度＝$15568\times2=31136\text{mm}=31.136\text{m}$

2. 支座负筋计算

（1）边支座负筋长度

1）左支座 3Φ20（其中 2Φ20 为上部通长筋，支座负筋为 1Φ20）

1Φ20 钢筋长度＝$l_n/3+\max(0.4l_{abE}+15d，h_c-c-d_c-D_c+15d)$

$$=(7200-120-250)/3+\max(0.4\times700+15\times20，404+15\times20)$$

$$=2277+704=2981\text{mm}$$

根数 $N=1$ 根，总长度＝$2981\times1=2981\text{mm}=2.981\text{m}$

2）右支座 2Φ20＋1Φ22（其中 2Φ20 为上部通长筋，支座负筋为 1Φ22）

1Φ22 钢筋长度＝$l_n/3+\max(0.4l_{abE}+15d，h_c-c-d_c-D_c+15d)$

$$=(7200-120-250)/3+\max(0.4\times35\times22+15\times22，404+15\times22)$$

$$=2277+734=3011\text{mm}$$

根数 $N=1$ 根，总长度＝$3011\times1=3011\text{mm}=3.011\text{m}$

（2）中间支座负筋 2Φ20＋2Φ22/2Φ22（其中 2Φ20 为上部通长筋，第一排支座负筋为 2Φ22，第二排支座负筋为 2Φ22）

1）第一排 2Φ22 钢筋长度＝$\max$（第一跨净长/3，第二跨净长/3）$\times2+$支座宽

$$=\max[(7200-250-120)/3，(7200-250-120)/3]\times2+500$$

$$=2277\times2+500=5054\text{mm}$$

根数 $N=2$ 根，总长度＝$5054\times2=10108\text{mm}=10.108\text{m}$

2) 第二排 2 Φ 22 钢筋长度 $=\max($ 第一跨净长 $/4$, 第二跨净长 $/4) \times 2+$ 支座宽
$$=\max[(7200-250-120)/4,(7200-250-120)/4]\times2+500$$
$$=1707.5\times2+500=3915\text{mm}$$

根数 $N=2$ 根, 总长度 $=3915\times2=7830\text{mm}=7.830\text{m}$

（3）框架梁底部受力钢筋长度计算

$$第一排底筋钢筋长度 = 梁净跨(l_n) + 左、右支座锚固长度 \qquad (3\text{-}2\text{-}12)$$
$$第二排底筋钢筋长度 = 梁净跨(l_n) + 左、右支座锚固长度 \qquad (3\text{-}2\text{-}13)$$

当底部受力钢筋直锚时，第一排与第二排钢筋长度没有区别；但若为弯锚时，施工下料就要考虑一、二排钢筋之间的净距应 $\geqslant25\text{mm}$（图 3-2-5），并要扣除 90° 的量度差（每个 90° 的量度差约为 $2d$）。当计算钢筋预算长度时，为简化计算可不考虑两者之间的净距及量度差，可取两者等长。当纵向钢筋长度超过 8m 时，均要考虑钢筋接头，接头方式可以是搭接焊、闪光对焊、绑扎搭接、机械接头（直螺纹、锥螺纹等），其中搭接焊的一个接头考虑增加长度为：单面焊 $10d$，双面焊 $5d$；闪光对焊、机械接头则不考虑增加钢筋长度。

【例 3-2-2】 计算图 3-2-1 中 KL5（2）（图 3-2-6）的下部纵向受力钢筋长度。

解：1. $\textcircled{B}$ 轴交 $\textcircled{1} \sim \textcircled{3}$ 轴处，底筋 2 Φ 22/3 Φ 25

（1）第一排钢筋长度 $=$ 梁净跨 $+$ 左锚固长度 $+$ 右锚固长度
$$梁净跨=7200-120-250=6830\text{mm}$$

根据【例 3-2-1】的结果，底筋在边柱内只能弯锚
$$左锚长度（弯锚）=\max(0.4l_{abE}+15d, h_c-c-d_c-D_c+15d)$$
$$=\max(0.4\times35\times25+15\times25, 450-20-8-18+15\times25)$$
$$=779\text{mm}$$

右锚长度（直锚）：$l_{aE}=35d=35\times25=875\text{mm}$

钢筋长度 $=6830+779+875=8484\text{mm}$

根数 $N=3$ 根, 总长度 $=8484\times3=25452\text{mm}=25.452\text{m}$

（2）第二排钢筋长度 $=$ 梁净跨 $+$ 左锚固长度 $+$ 右锚固长度
$$梁净跨=7200-120-250=6830\text{mm}$$
$$左锚长度（弯锚）=\max(0.4l_{abE}+15d, h_c-c-d_c-D_c+15d)$$
$$=\max(0.4\times35\times22+15\times22, 450-20-8-18+15\times22)=734\text{mm}$$

右锚长度（直锚）；$l_{aE}=35d=35\times22=770\text{mm}$

钢筋长度 $=6830+734+770$
$$=8334\text{mm}$$

根数 $N=2$ 根, 总长度 $=8334\times2=16668\text{mm}=16.668\text{m}$

2. $\textcircled{B}$ 轴交 $\textcircled{3} \sim \textcircled{5}$ 轴处，底筋 5 Φ 25 2/3

钢筋长度 $=$ 梁净跨 $+$ 左锚长度 $+$ 右锚长度
$$梁净跨=7200-120-250=6830\text{mm}$$

左锚长度（直锚）$=l_{aE}=35d=35\times25=875\text{mm}$（计算原则同邻跨）

右锚长度（弯锚）＝max(0.4l_{abE}+15d, h_c-c-d_c-D_c+15d)

$\qquad$ ＝max(0.4×35×25+15×25, 450-20-8-18+15×25)＝779mm

钢筋长度＝6830+875+779＝8484mm

根数 N＝5 根，总长度＝8484×5＝42420mm＝42.420m

3. 复合箍筋长度计算

按照图 2-2-5 及图 3-2-7、图 3-2-7a、图 3-2-8 梁横截面复合箍筋排布构造详图计算，以箍筋的中心线长度作为计算标准，这样不会因弯折而产生量度差。

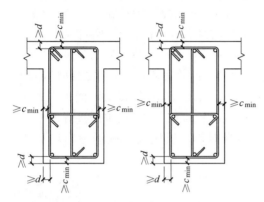

图 3-2-7　梁混凝土保护层示意图

(17G101-11 P22)

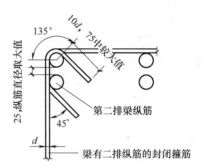

图 3-2-7a　梁有二排纵筋的封闭箍筋

(22G101-1 P63)

(1) 当梁上部只有一排纵筋时

大箍筋长度（单排）＝[(b-2×c-d)+(h-2×c-d)]×2+2×135°弯钩长度

$\qquad\qquad\qquad\qquad\qquad\qquad\qquad\qquad\qquad$ (3-2-14a)

(2) 当梁上部有二排纵筋时

大箍筋长度（双排）＝[(b-2×c-d)+(h-2×c-d)]×2+135°弯钩长度+

$\qquad$ D_1+max(25, D_1, D_2)+D_2+45°弯钩直线段长度　(3-2-14b)

$\qquad$ 135°弯钩长度＝135°弯曲增加值+弯钩直线段长度　(3-2-14c)

135°弯曲增加值需要根据箍筋 135°弯钩内弯心直径大小确定：

135°弯曲增加值：HPB300 级为 1.9d，HRB400 级为 2.9d；

D_1：第一排纵筋角筋直径；D_2：第二排纵筋角筋直径。

注：1）一般 D_1、D_2 相差不大，故 D_1+D_2 可取 2max(D_1, D_2)；

2）双排纵筋情况下大箍筋的弯折由 4 个 90°弯折、1 个 135°弯钩和 1 个 45°弯钩组成，在预算的手工计算时，采取中心线算法，90°弯折和 45°弯折的量度差忽略不计，135°弯钩按 135°弯曲增加值和弯钩直线段长度计算，45°弯钩只计算弯钩直线段长度。

弯钩直线段长度根据梁是否抗震、受扭两种情况按图 2-2-6 计算：

1）抗震、受扭弯钩直线段长度大于等于 10d，且不小于 75mm。

2）非抗震弯钩直线段长度取 5d。

(3) 小箍筋长度计算

按照梁每边纵向钢筋均匀排放的原则，同时也要根据梁配筋设计图纸按图 3-2-8 构造图形计算小箍筋的短边尺寸。

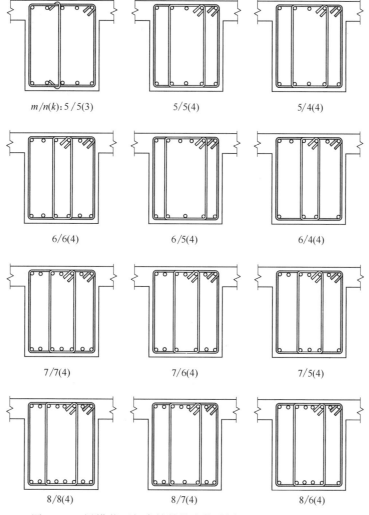

$m/n(k)$: 5/5(3)   5/5(4)   5/4(4)

6/6(4)   6/5(4)   6/4(4)

7/7(4)   7/6(4)   7/5(4)

8/8(4)   8/7(4)   8/6(4)

图 3-2-8 梁横截面复合箍筋排布构造详图（18G901-1 P20）

$$双肢箍筋长度=\{(h-2\times c-d)+[(b-2\times c-2\times d-D_b)/(m_b-1)]\times j+D_b+d\}\times 2$$
$$+2\times 135°弯钩长度 \qquad (3-2-15)$$
$$单肢竖向箍筋长度=(h-2\times c+d)+2\times 135°弯钩长度 \qquad (3-2-16)$$

式中 b——梁截面宽度；

h——梁截面高度；

D_b——梁纵向钢筋直径；

m_b——梁上部第一排纵向钢筋根数；

j——小箍筋短边围成的纵向钢筋的间距数，按照构造规定 $j\leqslant 2$。

用 n_6 表示梁下部第一排纵向钢筋根数。

注意：式（3-2-15）中 $m_b\geqslant n_b$，若 $m_b<n_b$ 则应将公式中的 m_b 改为 n_b，箍筋图形构造应将图 3-2-8 旋转 180°。

4. **箍筋个数计算**

框架梁箍筋个数计算方法与其按抗震等级的高低有关，以图 3-2-9 为计算依据，确定

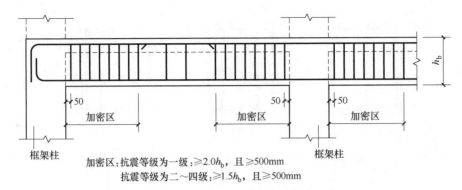

加密区：抗震等级为一级：≥2.0h_b，且≥500mm
抗震等级为二～四级：≥1.5h_b，且≥500mm

框架梁(KL、WKL)箍筋加密区范围(一)

(弧形梁沿梁中心线展开，箍筋间距
沿凸面线量度，h_b为梁截面高度)

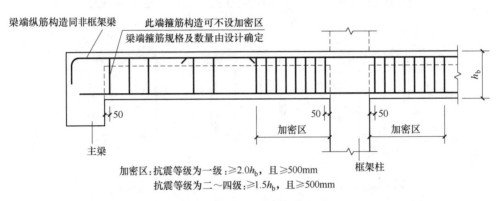

加密区：抗震等级为一级：≥2.0h_b，且≥500mm
抗震等级为二～四级：≥1.5h_b，且≥500mm

框架梁(KL、WKL)箍筋加密区范围(二)

(弧形梁沿梁中心线展开，箍筋间距
沿凸面线量度，h_b为梁截面高度)

图 3-2-9 抗震框架梁箍筋布置构造详图（22G101-1 P95）

支座两端箍筋加密区长度；当框架梁一端支座为梁时，靠近支座一端可不设加密区（由设计确定）。

（1）单排纵筋情况框架梁的箍筋个数计算

箍筋个数＝［（梁端加密区长度－50)/加密区箍筋间距＋1]×2＋

［（梁净跨－两端加密区长度)/非加密区箍筋间距－1]　　　（3-2-17）

计算依据见 22G101-1 P95。

框架梁的支座内不设箍筋，加密区与非加密区中各部分的箍筋个数应先求和再向上取整。对于绑扎接头还需考虑搭接区段的箍筋加密长度的变化。

箍筋个数＝（梁净跨－2×50)/箍筋间距＋1　　　（3-2-18）

（2）非加密区双排纵筋范围内箍筋（双排）个数计算

箍筋个数（双排)＝(净跨长/4－加密区长度)/非加密区箍筋间距　　　（3-2-18a）

【例 3-2-3】 计算图 3-2-6 中 KL5（2）的箍筋长度。

解：1. Ⓑ轴交①～③轴处Φ8@150/200（2）

（1）大箍筋长度（单排）

＝$(b+h-4c)×2-4d+2.9d×2+\max(10d,75\text{mm})×2$

$=(240+600-4\times20)\times2-4\times8+2.9\times8\times2+80\times2$

$=1520-32+46.4+160=1694.4mm$，取 1695mm

（2）大箍筋长度（双排）

$=(b+h-4c)\times2-4d+2.9d+\max(10d,75mm)\times2+\max(25,20,22)$
$\quad+2\times\max(20,22)$

$=(240+600-4\times20)\times2-4\times8+2.9\times8+80\times2+25+2\times22$

$=1740.2mm$，取 1741mm

（3）箍筋根数＝左加密区根数（单排）＋右加密区根数（双排）＋非加密区根数（单排）＋非加密区根数（双排）

（四级抗震，取$\geq1.5h_b$，且$\geq500mm$，查 22G101-1 P95）

左加密区根数（单排）＝(1.5×梁高－50)/加密区间距＋1

$\qquad=(1.5\times600-50)/150+1=6.67$ 根

右加密区根数（双排）＝(1.5×梁高－50)/加密区间距＋1

$\qquad=(1.5\times600-50)/150+1=6.67$ 根

非加密区根数（双排）＝$(l_n/4-$加密区长度)/非加密区箍筋间距

$\qquad=[(7200-120-250)/4-(1.5\times600)]/200$

$\qquad=4.04$ 根

非加密区根数（单排）＝(净跨长－左加密区长－净跨长/4)/非加密区间距－1

$\qquad=[7200-120-250-1.5\times600-(7200-120-225)/4]/200-1$

$\qquad=20.08$ 根

箍筋（单排）根数＝6.67＋20.08＝26.75 根，取 27 根

箍筋（双排）根数＝6.67＋4.04＝10.71 根，取 11 根

总长度＝27×1695＋11×1741＝64916mm＝64.916m

2. Ⓑ轴交③～⑤轴处Φ8@150/200（2）

本跨截面尺寸、配置箍筋同邻跨。

（1）大箍筋长度（单排）＝1695mm

（2）大箍筋长度（双排）＝1718mm

（3）箍筋根数：

左加密区根数（双排）＝右加密区根数（双排）＝6.67 根

左非加密区根数（双排）＝右非加密区根数（双排）＝4.04 根

非加密区根数（单排）＝(净跨长－2×净跨长/4)/非加密区间距－1

$\qquad=$(净跨长/2)/非加密区间距－1

$\qquad=[(7200-250-120)/2]/200-1=16.075$ 根

箍筋（单排）根数＝16.075 根，取 17 根

箍筋（双排）根数＝6.67×2＋4.04×2＝21.42 根，取 22 根

总长度＝17×1695＋22×1741＝67117mm＝67.117m

（3）梁侧面纵向钢筋及拉筋长度计算

按照《混凝土结构设计标准》GB/T 50010—2010 的规定，详细规定见图 3-2-10a（22G101-1P97）：

1）当梁腹板高度 $h_w \geqslant 450\text{mm}$ 时，在梁的两个侧面应沿梁高度配置纵向构造钢筋，纵向构造钢筋间距 $a \leqslant 200\text{mm}$。

2）梁侧面配有直径不小于构造纵筋的抗扭钢筋时，受扭纵筋可以代替构造纵筋。

3）梁侧面构造纵筋的搭接与锚固长度可取 $15d$，梁侧面受扭纵筋的搭接长度（同纵向受力钢筋）为 l_{lE}，非框架梁为 l_l；锚固方式：框架梁同框架梁下部，非框架梁见 22G101-1 P96。

4）当梁宽 $\leqslant 350\text{mm}$ 时，梁侧面拉筋直径为 6mm；当梁宽 $> 350\text{mm}$ 时，拉筋直径为 8mm，拉筋间距为非加密区箍筋间距的 2 倍。当设有多排拉筋时，上下相邻两排拉筋竖向错开布置（对算量无影响）。

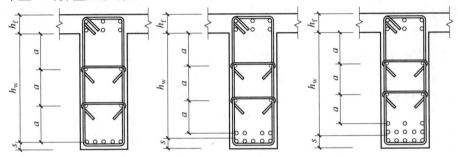

图 3-2-10a　梁侧面纵向构造钢筋和拉筋布置详图 1

（17G101-11 P75）

h_w—梁腹板高度，下同

具体取值见图 3-2-10b，如下：

1）对于独立矩形截面梁为梁上部边缘至下部受拉钢筋重心的距离。

2）对于现浇整体式肋形楼（屋）盖或独立的 T 形截面梁为上部板底（翼缘底）至梁下部受拉钢筋重心的距离。

3）对于独立的工字形截面梁为梁上、下翼缘间的净距离。

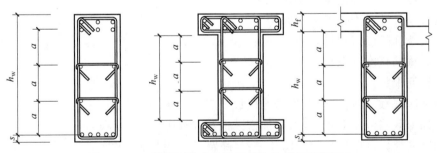

图 3-2-10b　梁侧面纵向构造钢筋和拉筋布置详图 2

（17G101-11 P75）

① 梁侧面纵向构造钢筋或抗扭纵向钢筋长度计算

$$\text{侧面钢筋长度} = \text{梁净跨}(l_n) + \text{左、右支座锚固长度} \qquad (3\text{-}2\text{-}19)$$

梁侧面纵向构造钢筋锚固长度为 $15d$，每 8m 考虑一个搭接接头，搭接长度取 $15d$；梁侧面纵向抗扭钢筋锚固长度为 l_{aE}，每 8m 考虑一个搭接接头，搭接长度为 l_{lE}。

② 梁侧面纵向钢筋的拉筋长度计算（考虑拉筋直径小于等于箍筋直径的情况）

$$\text{拉筋长度} = (b - 2 \times \text{拉筋保护层厚度} - d) + 2 \times 135° \text{弯钩长度} \qquad (3\text{-}2\text{-}20)$$

式中，b 为梁截面宽度；拉筋保护层厚度＝c＋箍筋直径－拉筋直径。

注：此公式只适用于拉筋只拉梁内纵筋，不拉箍筋的情况。

【例 3-2-4】 计算图 3-2-6 中 KL5（2）的侧面纵筋及拉筋长度。

解：1. 侧面纵筋

（1）Ⓑ轴交①～③轴处抗扭钢筋 4⚟12

梁净跨＝7200－120－250＝6830mm

锚固长度＝$\max(l_{aE}, h_c/2+5d)$＝$\max(35\times12,$
$500/2+5\times12)$＝420mm

钢筋长度＝梁净跨＋锚固长度×2＝6830＋420×2＝7670mm

根数 N＝4 根，总长度＝7670×4＝30680mm＝30.680m

（2）B 轴交③～⑤轴处构造钢筋 2⚟12

梁净跨＝7200－120－250＝6830mm

钢筋长度＝梁净跨＋$15d$×2＝6830＋15×12×2＝7190mm

根数 N＝2 根，总长度＝7190×2＝14380mm＝14.380m

2. 拉筋⚟6@400

梁宽≤350mm，拉筋直径为 6mm，梁宽＞350mm，拉筋直径为 8mm，当设计有规定时按设计要求。

（1）Ⓑ轴交①～③轴处

拉筋长度＝(b－2×拉筋保护层厚度－d）＋2×2.9d＋2×5d
$\quad\quad\quad$＝[240－2×(20＋8－6)－6)]＋2×2.9×6＋2×5×6
$\quad\quad\quad$＝190＋94.8＝284.8mm，取 285mm

拉筋间距是非加密区箍筋的 2 倍（查 22G101-1 P95）

拉筋根数＝[(净跨长－2×50)/拉筋间距＋1]×2（排）
$\quad\quad\quad$＝[(7200－120－250－100)/400＋1]×2＝17.8×2＝35.6 根，取 36 根

（2）Ⓑ轴交③～⑤轴处

拉筋根数＝(净跨长－2×50)/拉筋间距＋1
$\quad\quad\quad$＝(7200－120－250－100)/400＋1＝17.8 根，取 18 根

两跨拉筋总长度＝285×（36＋18）＝15390mm＝15.390m

（二）梁集中荷载作用处附加钢筋长度计算（图 3-2-11）

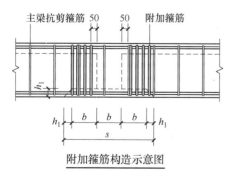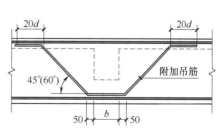

附加箍筋构造示意图　　　附加吊筋构造示意图

图 3-2-11　附加箍筋及吊筋构造示意图

（17G101-11 P76）

1. 附加箍筋的计算

钢筋长度的计算同主梁箍筋计算，箍筋个数按设计标注的个数计算。

2. 吊筋长度的计算

吊筋弯起角度：梁高≤800mm 时为 45°，长度系数＝1/sin45°取 1.414

梁高＞800mm 时为 60°，长度系数＝1/sin60°取 1.154

吊筋长度＝2×20d＋2×长度系数×（梁高−2×c−2×d_b）＋2×50＋次梁宽

$$(3-2-21)$$

【例 3-2-5】 计算图 3-2-6 中 KL5（2）的附加箍筋及吊筋长度。

解：1. 附加箍筋

（1）Ⓑ轴交①～③轴处Φ8@50（2）

钢筋长度的计算同主梁箍筋计算

主次梁交接处附加箍筋个数＝3×2×2＝12 根

总长度＝1694.4×12＝20332.8mm＝20.333m

（2）Ⓑ轴交③～⑤轴处Φ8@50（2）

钢筋长度的计算同主梁箍筋计算

主次梁交接处附加箍筋个数＝3×2×2＝12 根

总长度＝1694.4×12＝20332.8mm＝20.333m

2. 吊筋

吊筋长度＝次梁宽＋（2×50）＋20d×2＋[（梁高−2×c−2d_b）/sinα]×2

梁高＞800mmα 取 60°，sinα 取 0.866；

梁高≤800mmα 取 45°，sinα 取 0.707。

吊筋长度＝240＋（2×50）＋20×12×2＋[（600−2×20−2×8）/0.707]×2

＝240＋100＋480＋1538.9＝2358.9mm 取 2359mm

根数 N＝2 根，总长度＝2359×2＝4718mm＝4.718m

（三）楼层悬挑梁的钢筋长度计算

1. 悬挑梁下部纵向钢筋长度计算

在图 3-2-12～图 3-2-15 中（18G901-1 P64～67），悬挑梁所配底筋根数根据箍筋肢数确定；当为双肢箍筋时，不少于 2 根，且不小于 2Φ12；当为四肢箍筋时，不少于 4 根，且不小于 4Φ12。底筋伸入支座内的锚固长度一般情况下为 15d，但当抗震设防烈度为 7 度及 7 度以上，且还要考虑竖向地震作用时，锚固长度应取 l_{aE}。

（1）等截面悬挑梁

$$下部钢筋长度＝梁悬挑长度（l）−c＋锚固长度 \qquad (3-2-22)$$

（2）变截面悬挑梁

$$下部钢筋长度＝[梁悬挑长度（l）−c]×K＋锚固长度 \qquad (3-2-22a)$$

$$K=\frac{\sqrt{(h_b-h_{b1})^2+l^2}}{l} \qquad (3-2-23)$$

式中　K——长度系数；

　　　h_b——根部高度；

　　　h_{b1}——悬挑梁端部高度。

2. 悬挑梁复合箍筋长度计算

（1）等截面悬挑梁

箍筋长度按式（3-2-14）~式（3-2-16）计算。

（2）变截面悬挑梁

梁高取平均高度计算箍筋长度。

$$h=(h_b-h_{b1})/2 \qquad (3-2-24)$$

其余计算同等截面梁。

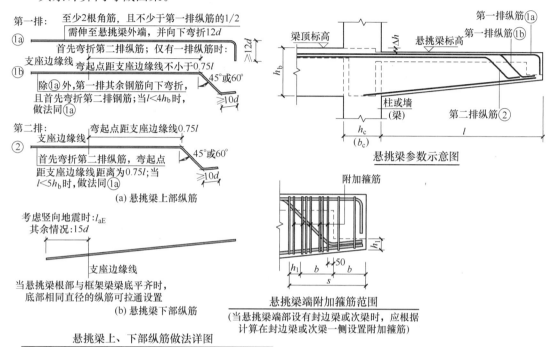

悬挑梁上、下部纵筋做法详图
(当梁上部设有第三排钢筋时，其伸出长度应由设计者注明)

图 3-2-12　悬挑梁参数示意图

（3）悬挑梁箍筋个数计算

$$箍筋个数＝（梁悬挑长度-50-c）/箍筋间距+1+附加箍筋个数 \qquad (3-2-25)$$

（4）悬挑梁侧面钢筋计算

计算规定同楼面框架梁（图 3-2-10a、b），按式（3-2-18）、式（3-2-19）计算。

（5）悬挑梁上部纵向钢筋计算

按照标准构造规定：当 $l<4h_b$ 时，上部第一排纵向受力筋不下弯；第二排仍下弯，

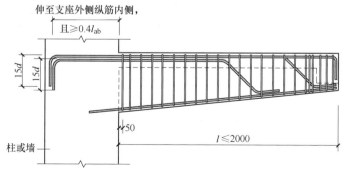

图 3-2-13a　悬挑梁纵向受力钢筋直接锚固到柱或墙上构造

上部弯折点距支座边由设计指定，若设计没有指定取 $0.75l$。

当 $l \geqslant 4h_b$ 时，上部第一排纵向受力筋的角筋及不少于第一排钢筋面积的一半不下弯，其余均下弯（含第二排）；第二排上部弯折点距支座边由设计指定，若设计没有指定取 $0.75l$。

当 $l < 5h_b$ 且上部钢筋为两排时，可不将钢筋端部下弯，伸至悬挑梁外端向下弯折 $12d$。

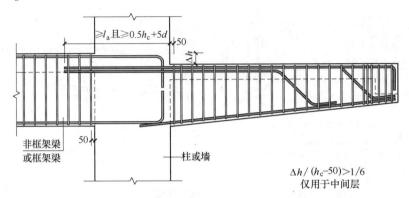

图 3-2-13b　悬挑梁纵向受力钢筋直接锚固在后部梁中构造

注：悬挑梁纵向钢筋需要满足直锚要求时，且还应 $\geqslant 0.5h_c + 5d$。

（6）上部第一排纵向钢筋计算

1）上部纵向钢筋直接锚固到框架柱或剪力墙上（图 3-2-13a）

$$不下弯纵向钢筋长度=锚固长度+梁悬挑长度(l)-c+12d \qquad (3\text{-}2\text{-}26)$$

$$下弯纵向钢筋长度=锚固长度+梁悬挑长度(l)-(封边梁宽+50)+$$

$$0.414 \times [(h_b + h_{b1})/2 - 2 \times c - 2 \times d_b] + \max(10d, 50+封边梁宽-c) \qquad (3\text{-}2\text{-}27)$$

$$弯曲锚固长度 = \max(0.4l_{ab} + 15d, h_c - c - d_c - D_c + 15d) \qquad (3\text{-}2\text{-}28a)$$

$$直线锚固长度 = \max(l_a, 0.5h_c + 5d) \qquad (3\text{-}2\text{-}28b)$$

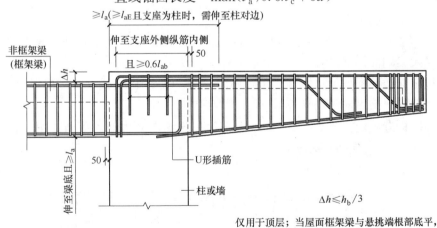

图 3-2-14　屋面悬挑梁纵向受力钢筋直接锚固柱或墙中构造

2）上部纵向钢筋直接锚固到后部梁中构造（图 3-2-13b）

$$不下弯纵向钢筋长度=锚固长度+梁悬挑长度(l)-c+12d \qquad (3\text{-}2\text{-}26)$$

下弯纵向钢筋长度＝锚固长度＋梁悬挑长度(l)－（封边梁宽＋50）＋0.414×

$$[(h_b+h_{b1})/2-2×c-2×d_b]+\max(10d,50+封边梁宽-c) \tag{3-2-27}$$

0.414＝45°斜长系数×水平投影长度－水平投影长度

3）上部纵向钢筋直接锚固到框架柱或剪力墙上（图3-2-14）

按式（3-2-26）计算不下弯纵向钢筋长度，按式（3-2-27）计算下弯纵向钢筋长度。

$$锚固长度＝\max(0.6l_{ab},h_c-c-d_c-D_c)+\max(h_b+\Delta h,l_a+\Delta h) \tag{3-2-28c}$$

式中　Δh——悬臂梁顶与内跨梁顶间的高差。

式（3-2-28c）中，计算钢筋水平段长度所用$l_{aE}(l_a)$应$\geqslant l_{abE}(l_{ab})$，这里要注意悬臂梁上部钢筋位于柱顶部，无压力作用，因此梁上部钢筋水平段长度$\geqslant 0.6l_{ab}$。

4）上部纵向受力钢筋直接采用内跨框架梁支座钢筋（图3-2-15）

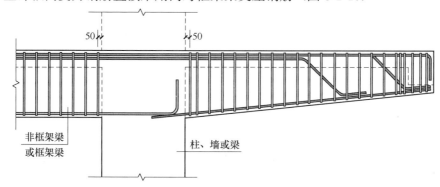

图3-2-15　悬挑梁顶面与内跨梁顶面平齐且采用内跨支座纵向受力钢筋构造

不下弯纵向钢筋长度＝$l_n/3$（或按通长筋）＋支座宽＋梁悬挑长度$(l)-c+12d$

$$\tag{3-2-29}$$

下弯纵向钢筋长度＝$l_n/3$＋支座宽＋梁悬挑长度(l)－（封边梁宽＋50）＋0.414×

$$[(h_b+h_{b1})/2-2×c-2×d_b]+\max(10d,50+封边梁宽-c) \tag{3-2-30}$$

同种情况下的非框架梁也按此法计算。

（7）上部第二排纵向钢筋计算

1）上部纵向钢筋直接锚固到框架柱或剪力墙上（图3-2-13a）

第二排下弯纵向钢筋长度＝锚固长度＋钢筋上弯点至支座边的距离（或$0.75l$）

$$+1.414×(h_b-2×c-2×d_b-第一排筋直径-25)+10d \tag{3-2-31}$$

锚固长度：弯曲锚固按式（3-2-28a）计算，直线锚固按式（3-2-28b）计算。

2）上部纵向钢筋直接锚固在后部梁中构造（图3-2-13b）

第二排下弯纵向钢筋长度按式（3-2-31）计算，锚固长度按式（3-2-28a）、式（3-2-28b）计算。

3）上部纵向钢筋直接锚固到框架柱或剪力墙上（图3-2-14）

第二排下弯纵向钢筋长度按式（3-2-31）计算，锚固长度按式（3-2-28c）计算。

4）上部纵向受力钢筋直接采用内跨框架梁支座钢筋（图3-2-15）

第二排下弯纵向钢筋长度＝$l_n/4$＋支座宽＋钢筋上弯点至支座边的距离（或$0.75l$）＋

$$1.414×(h_b-2×c-2×d_b-第一排筋直径-25)+10d \tag{3-2-32}$$

【例3-2-6】　计算图3-2-16中KL3（2A）的上部纵向受力钢筋长度，本图截取自图3-2-1。

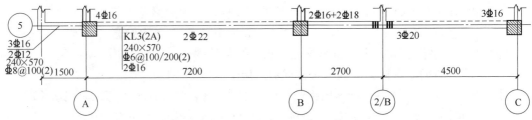

图 3-2-16　KL3（2A）平法配筋图

解：1. 2Φ16 通长筋计算

判断是否直锚 $l_{aE}=\zeta_a\times l_{abE}=1.0\times35d=35\times16=560mm$

$$>h_c-c-d_c-D_c=450-20-8-18=404mm（只能弯锚）$$

KL3（2A）通长筋与悬挑梁的钢筋拉通计算

右支座锚固长度 $=\max(0.4l_{aE}+15d,h_c-c-d_c-D_c+15d)$

$$=\max(0.4\times560+15\times16,404+15\times16)=644mm$$

钢筋长度 = 梁净跨长 + 右支座锚固长度 $+12d-c$

$$=(14400+1500+120-330)+644+12\times16-20$$

$$=16506mm=16.506m（按 8m 一个接头,1 个闪光对焊接头）$$

根数 $N=2$ 根，总长度 $=16.506\times2=33.012m$

2. 支座负筋计算

（1）⑤轴交Ⓐ轴处边支座负筋 4Φ16 与悬挑端 3Φ16 负筋结合计算

悬挑长度 $l=1500-120+120=1500mm<4h_b=4\times570=2280mm$，所以纵筋可不下弯。

1）不下弯纵筋长度 $=l_n/3+$ 支座宽 + 梁悬挑长度 $-c+12d$

$$=(7200-450/2-330)/3+450+1500-20+12\times16$$

$$=2215+450+1500-20+192=4337mm$$

根数 $N=1$ 根，总长度 $=4337\times1=4337mm=4.337m$

2）内跨边支座负筋 1Φ16，既可考虑直锚，也可考虑弯锚。

直锚时：钢筋长度 $=l_n/3+l_{aE}=(7200-450/2-330)/3+560=2215+560$

$$=2775mm$$

弯锚时：钢筋长度 $=l_n/3+\max(0.4l_{aE}+15d,h_c-c-d_c-D_c+15d)$

$$=(7200-450/2-330)/3+\max(0.4\times560+15\times16,404+15\times16)$$

$$=2215+644=2859mm$$

（2）⑤轴交Ⓑ、Ⓒ轴处负筋计算

计算方法同 KL5（2）的中间支座和边支座的负筋计算。

3. 底筋计算

（1）⑤轴交Ⓐ～Ⓑ、Ⓑ～Ⓒ轴处底筋计算

计算方法同【例 3-2-2】KL5（2）的底筋计算。

（2）悬挑端底筋 2Φ12 计算

抗震设防烈度为 6 度，锚固长度取 $15d$

钢筋长度 = 梁悬挑长度 $-c+$ 锚固长度

$$=1500-20+15\times12=1660mm$$

根数 $N=2$ 根，总长度 $=1660\times2=3320mm=3.320m$

4. 箍筋计算

（1）跨中箍筋计算

计算方法同【例 3-2-3】KL5（2）的箍筋计算。

（2）悬挑端箍筋计算 Φ 8@100（2）

① 箍筋长度计算同上；

② 悬挑端箍筋个数计算。

按式（3-2-26）箍筋个数＝（梁悬挑长度－50－c）/箍筋间距＋1＋附加箍筋个数

＝（1500－50－20）/100＋1＋0＝14.3＋1＝15.3 个，取 16 个

四、楼层竖向加腋框架梁的钢筋长度计算

当楼面净高有限制，支座处截面抗弯、抗剪又无法满足计算要求时则考虑在框架梁支座处加腋，见图 3-2-17、图 3-2-18（18G901-1 P48～50）；抗震等级为一～三级时，腋长（c_1）一般取腋高（c_2）的 2 倍，但四级抗震框架梁腋长（c_1）可取腋高（c_2）的 3 倍。

（一）框架梁上部纵向钢筋长度计算

带加腋框架梁上部边、中间支座通长钢筋及架立钢筋长度计算仍然按式（3-2-4）～式（3-2-11）计算。

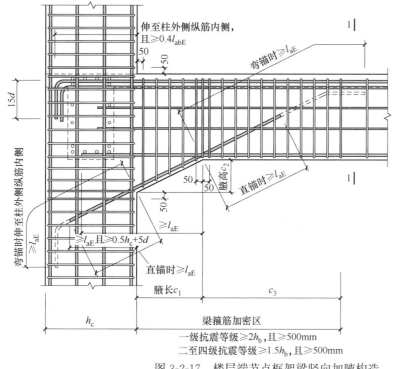

图 3-2-17　楼层端节点框架梁竖向加腋构造

（二）框架梁底部受力钢筋长度计算

1. 第一排跨中底部钢筋长度＝梁净跨（l_n）－2×c_1＋

左、右支座锚固长度　　　　（3-2-33）

锚固长度＝l_{aE}　　　　（3-2-34）

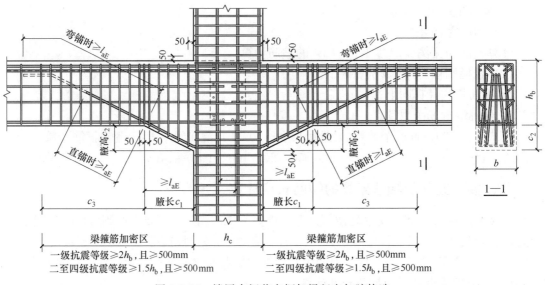

图 3-2-18　楼层中间节点框架梁竖向加腋构造

2. 第二排跨中底部钢筋长度＝梁净跨（l_n）－2×c_1＋左、右支座锚固长度　（3-2-35）
按式（3-2-34）计算。

3. 边节点加腋斜筋长度

$$斜筋长度＝\sqrt{c_1^2+c_2^2}＋2×l_{aE} \qquad (3-2-36a)$$

$$斜筋长度＝\sqrt{c_1^2+c_2^2}＋2×\max\left[l_{aE},\ \frac{(0.5h_c+5d)×\sqrt{c_1^2+c_2^2}}{c_1}\right] \qquad (3-2-36b)$$

若为弯锚，计算下料长度时可考虑量度差（每个弯折约为 0.5d）。

4. 中间节点加腋斜筋长度

$$斜筋长度＝2×\sqrt{c_1^2+c_2^2}＋2×l_{aE}＋h_c \qquad (3-2-37)$$

若为弯锚，计算下料长度时要考虑量度差（每个弯折约为 0.5d）。

(三) 复合箍筋长度计算

1. 大、小箍筋长度计算仍按式（3-2-14）、式（3-2-14a）、式（3-2-15）计算；加腋段箍筋长度计算公式也同跨中计算式，但梁高用平均值；如若计算下料长度，则要按比例分别求出各个箍筋所在位置的截面高度，然后计算各个箍筋的长度。

2. 箍筋个数计算

抗震加腋框架梁的箍筋个数计算

箍筋个数＝[（梁端加密区长度－c_1－50）/加密区箍筋间距＋2]×2＋[（梁净跨－两端加密区长度－2×c_1）/非加密区箍筋间距－1]＋2×[（c_1－2×50)/加密区箍筋间距＋2)]

$$(3-2-38)$$

(四) 梁侧面纵向钢筋及拉筋长度计算

1. 梁侧面纵向构造钢筋或抗扭纵向钢筋长度仍按式（3-2-18）计算。

2. 梁侧面纵向钢筋的拉筋长度仍按式（3-2-19）计算。

(五) 梁集中荷载作用处附加钢筋长度计算

吊筋长度按式（3-2-20）计算，附加箍筋长度计算同跨中。

【例 3-2-7】 计算图 3-2-19 中某楼层 KL10（2）中的钢筋长度，抗震等级为三级，混凝土强度为 C35，KZ6、KZ7 配有 Φ20 纵筋，Φ8@100/200 箍筋，KL、KZ 所用钢筋均为 HRB400 级，环境类别为一类，次梁宽 240mm。

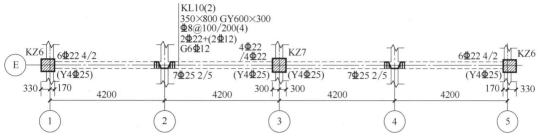

未注明附加箍为 2×3Φ"d"@50（箍筋直径及肢数同该梁箍筋），未注明梁吊筋为 2Φ12

KL10(2)平法配筋图

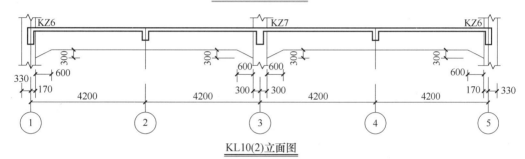

KL10(2)立面图

图 3-2-19　KL10（2）平法配筋图

解： 1. Φ22 通长筋计算

判断是否直锚：$l_{aE} = \zeta_a \times l_{abE} = 1.0 \times 34d = 34 \times 22 = 748mm$

$748mm > h_c - c - d_c - D_c = 500 - 20 - 8 - 20 = 452mm$，所以只能弯锚

锚固长度 $= \max(0.4l_{aE} + 15d,$ 支座宽 $- c - d_c - D_c + 15d)$

左（右）支座锚固长度 $= \max(0.4l_{aE} + 15d, h_c - c - d_c - D_c + 15d)$

$$= \max(0.4 \times 748 + 15 \times 22, 452 + 15 \times 22) = 782mm$$

通长筋长度 = 梁净跨 + 右支座锚固长度 + 左支座锚固长度

$$= (16800 - 170 - 170) + 782 \times 2$$

$$= 18024mm（按 8m 一个接头，考虑 2 个闪光对焊接头）$$

根数 $N = 2$ 根，总长度 $= 18024 \times 2 = 36048mm = 36.048m$

2. 支座负筋计算

（1）边支座负筋长度

左、右支座 6Φ22 4/2　Ⓔ轴交①、⑤轴处

1）第一排 $2 \times 2\Phi22$ 钢筋长度 $= l_n/3 + \max(0.4l_{aE} + 15d, h_c - c - d_c - D_c + 15d)$

$$= (8400 - 170 - 300)/3 + \max(0.4 \times 748 + 15 \times 22,$$

$$452 + 15 \times 22)$$

$$= 2643.3 + 782 = 3425.3mm，取 3426mm$$

根数 $N = 4$ 根，总长度 $= 3426 \times 4 = 13704mm = 13.704m$

2）第二排 $2 \times 2\Phi22$ 钢筋长度 $= l_n/4 + \max(0.4l_{aE} + 15d, h_c - c - d_c - D_c + 15d)$

$$=(8400-170-300)/4+\max(0.4\times748+15\times22,$$
$$452+15\times22)$$
$$=1982.5+782=2764.5\text{mm}，取2765\text{mm}$$

根数 $N=4$ 根，总长度 $=2765\times4=11060\text{mm}=11.06\text{m}$

（2）中间支座负筋 $4\Phi22/4\Phi22$ Ⓔ轴交③轴处

1）第一排 $2\Phi22$ 钢筋长度 $=\max($第一跨净长/3，第二跨净长/3$)\times2+$支座宽
$$=\max[(8400-300-170)/3,(8400-300-170)/3]\times$$
$$2+600$$
$$=2643.3\times2+600=5886.7\text{mm}，取5887\text{mm}$$

根数 $N=2$ 根，总长度 $=5887\times2=11774\text{mm}=11.774\text{m}$

2）第二排 $4\Phi22$ 钢筋长度 $=\max($第一跨净长/4，第二跨净长/4$)\times2+$支座宽
$$=\max[(8400-300-170)/4,(8400-300-170)/4]\times2+600$$
$$=1982.5\times2+600=4565\text{mm}$$

根数 $N=4$ 根，总长度 $=4565\times4=18260\text{mm}=18.26\text{m}$

（3）跨中架立筋 $2\times2\Phi12$

钢筋长度 $=$ 梁净跨 $(l_n)-$ 左、右支座第一排负筋伸入跨中长度 $+2\times150$
$$=(8400-300-170)-2\times(8400-300-170)/3+2\times150$$
$$=7930-2\times2643.3+300=2943.3\text{mm}，取2944\text{mm}$$

根数 $N=4$ 根，总长度 $=2944\times4=11776\text{mm}=11.776\text{m}$

3. 下部钢筋计算

（1）Ⓔ轴交①～⑤轴处，两跨底筋均为 $2\Phi25/5\Phi25$

均按下部通长钢筋计算

1）第一排钢筋长度 $=($梁总净跨 $-2\times c_1)+$左锚固长度 $+$右锚固长度
$$梁总净跨=8400\times2-170\times2=16460\text{mm}$$

判断能否直锚： $h_c+c_1=500+600=1100\text{mm}$

$1100\text{mm}>l_{aE}=34d=34\times25=850\text{mm}$

所以，可以直锚。

左、右锚长度（直锚） $=l_{aE}$
$$=1.0\times34\times25$$
$$=850\text{mm}$$

钢筋长度 $=16460-2\times600+850\times2$
$$=16960\text{mm}（按8\text{m}一个接头，考虑2个闪光对焊接头）$$

根数 $N=5$ 根，总长度 $=16960\times5=84800\text{mm}=84.8\text{m}$

2）第二排钢筋长度 $=($梁总净跨 $-2\times c_1)+$左锚固长度 $+$右锚固长度

计算结果同第一排。

钢筋长度 $=16960\text{mm}（按8\text{m}一个接头，考虑2个闪光对焊接头）$

根数 $N=2$ 根，总长度 $=16960\times2=33920\text{mm}=33.92\text{m}$

（2）Ⓔ轴交①、③、⑤轴处，加腋斜筋均为 $4\Phi25$

1）Ⓔ轴交①、⑤轴处（构造见图3-2-17）

判断直锚的水平投影是否过柱中心线:

$l_{aE}=850mm$

$$\frac{(0.5h_c+5d)\times\sqrt{c_1^2+c_2^2}}{c_1}=\frac{(0.5\times500+5\times25)\times\sqrt{600^2+300^2}}{600}=419.26mm<850mm$$

$$斜筋长度=\sqrt{c_1^2+c_2^2}+2\times l_{aE}=\sqrt{600^2+300^2}+2\times850$$
$$=670.8+1700=2370.8mm,取\ 2371mm$$

上端直锚,下端弯锚,计算结果一样

根数 $N=4$ 根,总长度 $=2371\times4=9484mm=9.484m$

2) Ⓔ轴交③轴处(构造见图 3-2-18)

$$斜筋长度=2\times\sqrt{c_1^2+c_2^2}+支座宽+2\times l_{aE}$$
$$=2\times\sqrt{600^2+300^2}+600+2\times850$$
$$=2\times670.8+600+1700=3641.6mm,取\ 3642mm$$

根数 $N=4$ 根,总长度 $=3642\times4=14568mm=14.568m$

4. 箍筋长度计算

(1) Ⓔ轴交①~③轴处　Φ 8@100/200 (4)

1) 跨中等截面段箍筋计算

① 大箍筋钢筋长度 $=(b+h-4c)\times2-4d+2.9d\times2+\max\{10d,75mm\}\times2$
$$=(350+800-4\times20)\times2-4\times8+2.9\times8\times2+10\times8\times2$$
$$=2140-32+46.4+160=2314.4mm,取\ 2315mm$$

箍筋根数 $=$ 左加密区根数 $+$ 右加密区根数 $+$ 非加密区根数

(三级抗震,取 $\geqslant1.5h_b$ 且 $\geqslant500mm$,查 22G101-1 P95)

左加密区根数 $=(1.5\times梁高-50)/加密区间距+2$
$$=(1.5\times800-50)/100+2=13.5\ 根$$

右加密区根数 $=(1.5\times梁高-50)/加密区间距+2$
$$=(1.5\times800-50)/100+2=13.5\ 根$$

非加密区根数 $=(梁净跨长-2\times c_1-左加密区长-右加密区长)/非加密区间距-1$
$$=(8400-170-300-2\times600-1.5\times800-1.5\times800)/200-1=20.65\ 根$$

此跨箍筋总根数 $=13.5+13.5+20.65=47.65\ 根,取\ 48\ 根$

大箍筋总长度 $=2315\times48=111120mm=111.120m$

② 小箍筋,按图 3-2-8 中 5/4 (4) 图例计算小箍筋的长度(本题是底筋为 5 根,上部筋为 4 根)

将式(3-2-15)修改为

箍筋长度 $=\{(h-2\times c-d)+[(b-2\times c-2\times d-D_b)/(n_b-1)]\times j+D_b+d\}\times2+$
$$2\times12.9d$$
$$=\{(800-2\times20-8)+[(350-2\times20-2\times8-25)/(5-1)]\times2+25+8\}\times$$
$$2+2\times12.9\times8$$
$$=\{752+167.5\}\times2+206.4=1839+206.4$$
$$=2045.4mm,取\ 2046mm$$

小箍筋根数同大箍筋,取 48 根

小箍筋总长度＝2046×48＝98208mm＝98.208m

2）加腋斜截面段箍筋计算

加腋水平长 600mm，梁高为 800～（800＋300）mm，平均高度＝950mm

① 大箍筋钢筋长度＝$(B+H-4c) \times 2 - 4d + 12.9d \times 2$

　　　　　　　　＝$(350+950-4 \times 20) \times 2 - 4 \times 8 + 12.9 \times 8 \times 2$

　　　　　　　　＝$2440-32+206.4=2614.4$mm，取 2615mm

大箍筋根数＝$[(600-2 \times 50)/100+1] \times 2 = 12$ 根

大箍筋总长度＝2615×12＝31380mm＝31.380m

② 小箍筋，按图 3-2-8 中 5/4（4）图例计算小箍筋的长度（本题是底筋为 5 根，上部筋为 4 根）

将式（3-2-15）修改为

箍筋长度＝$\{(h-2 \times c-d)+[(b-2 \times c-2 \times d-D_b)/(n_b-1)] \times j + D_b + d\} \times 2 + 2 \times 12.9d$

　　　　＝$\{(950-2 \times 20-8)+[(350-2 \times 20-2 \times 8-25)/(5-1)] \times 2 + 25 + 8\} \times$

　　　　　$2+2 \times 12.9 \times 8$

　　　　＝$(902+167.5) \times 2 + 206.4 = 2345.4$mm，取 2346mm

小箍筋根数同大箍筋，取 12 根

小箍筋总长度＝2346×12＝28152mm＝28.152m

（2）Ⓔ轴交③～⑤轴处 Φ8@100/200（4）

因为①～③轴与③～⑤轴对称于③轴，所以该跨箍筋计算与①～③轴跨完全相同。

即：大箍筋总长度＝2615×12＝31380mm＝31.380m

小箍筋总长度＝2346×12＝28152mm＝28.152m

5. 侧面纵筋及拉筋长度

（1）Ⓔ轴交①～③轴处侧面构造钢筋 6Φ12

梁净跨＝8400－170－300＝7930mm

钢筋长度＝梁净跨＋15d×2＝7930＋15×12×2＝8290mm

根数 N＝6 根，总长度＝8290×6＝49740mm＝49.74m

（2）Ⓔ轴交③～⑤轴处构造钢筋 6Φ12

计算结果同①～③轴，即总长度＝8290×6＝49740mm＝49.74m

（3）拉筋Φ6@400

（梁宽≤350mm，拉筋直径为6mm）

1）Ⓔ轴交①～③轴处

拉筋长度＝$(b-2 \times$拉筋保护层厚度$-d)+2 \times 135°$弯钩长度

　　　　＝$[350-2 \times (20+8-6)-6]+2 \times 2.9 \times 6 + 2 \times 5 \times 6$

　　　　＝$300+94.8=394.8$mm，取 395mm

拉筋间距是非加密区的 2 倍（查 22G101-1 P97 注解第 4 点）

拉筋根数＝$[(\text{净跨长}-2 \times 50)/\text{拉筋间距}+1] \times 3$

　　　　＝$[(8400-170-300-100)/400+1] \times 3 = 20.575 \times 3$，取 21×3＝63 根

备注：先将中括号内数值向上取整，然后求总数

拉筋总长度＝395×63＝24885mm＝24.885m

2）Ⓔ轴交③～⑤轴处

拉筋计算结果同①～③轴，即：拉筋总长度＝395×63＝24885mm＝24.885m

6．附加箍筋及吊筋长度

（1）附加箍筋

1）Ⓔ轴交①～③轴处　Φ8@50（4）

钢筋长度的计算同主梁箍筋计算

主次梁交接处附加箍筋个数＝3×2＝6根

大箍筋总长度＝2315×6＝13890mm＝13.890m

小箍筋总长度＝2046×6＝12276mm＝12.276m

2）Ⓔ轴交③～⑤轴处　Φ8@50（4）

计算结果同①～③轴处

大箍筋总长度＝2315×6＝13890mm＝13.890m

小箍筋总长度＝2046×6＝12276mm＝12.276m

（2）吊筋

吊筋长度＝次梁宽＋（2×50）＋20d×2＋[（梁高－2×c－2d_b）/sinα]×2

梁高＞800mm，α 取 60，sinα 取 0.866

吊筋长度＝240＋（2×50）＋20×12×2＋[（800－2×20－2×8）/0.866]×2

　　　　　＝340＋480＋（744/0.866）×2＝2538.2mm，取 2539mm

两跨吊筋根数为 2×2＝4 根，吊筋总长度＝2539×4＝10156mm＝10.156m

五、屋面框架梁的钢筋量计算

由于纵、横框架的屋面边节点中框架柱的外侧纵向钢筋与框架梁上部纵向钢筋之间是相互传力的关系，而非锚固关系，因此两者之间钢筋要进行搭接连接。图 3-2-21 为某框架结构的屋面层梁配筋平面图，图 3-2-22 为 WKL5（2）平法配筋图。

框架柱外侧纵向钢筋与框架梁上部纵向钢筋的搭接有两种方式，屋面框架梁的构造除梁上部边支座钢筋的锚固方式随梁、柱外侧钢筋搭接方式不同外，其他钢筋构造均相同。

（一）梁内搭接方式的屋面框架梁钢筋计算

框架梁上部纵筋弯折到梁底部（不论是直锚还是弯锚），
框架柱外侧纵筋从梁底起算（梁-加腋时，从加腋底起算），
搭接长度≥1.5l_{aE}，l_{aE}≥l_{abE}，且弯折到梁内的水平长度≥
15d；当屋面为现浇板且板厚≥100mm，不能弯折到梁内的柱外侧纵向钢筋也可弯折到现浇板内。这种方式与楼层施工步骤相同，用于柱、梁配筋不多的情况。标准构造见图 2-2-23、图 2-2-24 及图 3-2-20。

1．框架梁上部支座受力钢筋长度计算

（1）边支座钢筋长度计算

$$第一排边支座钢筋长度＝l_n/3＋支座锚固长度 \tag{3-2-4}$$

$$第二排边支座钢筋长度＝l_n/4＋支座锚固长度 \tag{3-2-5}$$

$$支座锚固长度＝(h_c－c－d_c－D_c)＋(h_b－c－d_b) \tag{3-2-39}$$

（2）通长钢筋长度计算

1）通长钢筋直径与支座钢筋直径相同时的长度计算

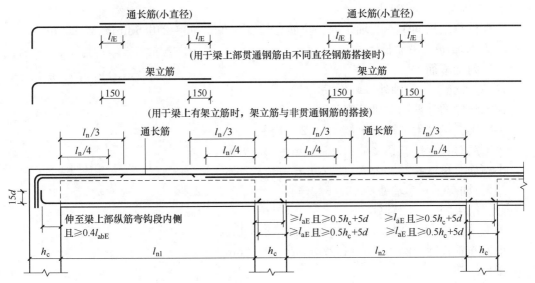

图 3-2-20　屋面框架梁纵向钢筋构造

通长钢筋长度＝梁总净长(扣除两端框架柱边长 h_c)＋左、右端支座锚固长度

$$(3-2-8)$$

$$支座锚固长度＝(h_c-c-d_c-D_c)+(h_b-c-d_b) \qquad (3-2-39)$$

2）通长钢筋直径与支座钢筋直径不相同时的长度计算

计算公式同式（3-2-9）、式（3-2-10），支座锚固长度计算同式（3-2-39）。

计算搭接长度时，应采用较小钢筋直径。

（3）中间支座钢筋长度计算

计算公式同式（3-2-6）、式（3-2-7）。

（4）上部架立钢筋长度计算

计算公式同式（3-2-11）。

2．框架梁底部受力钢筋长度计算

计算公式同式（3-2-12）、式（3-2-13）。

3．复合箍筋长度计算

（1）大箍筋长度

计算方法与楼面框架梁，公式同式（3-2-14）、式（3-2-14a）。

（2）小箍筋长度计算

计算方法与楼面框架梁，公式同式（3-2-15）、式（3-2-16）。

（3）箍筋个数计算

计算方法与楼面框架梁，公式同式（3-2-17）。

4．梁侧面纵向钢筋及拉筋长度计算

（1）梁侧面纵向构造钢筋或抗扭纵向钢筋长度计算

计算方法与楼面框架梁，公式同式（3-2-19）。

梁侧面纵向构造钢筋锚固长度为 $15d$，每 8m 考虑一个搭接接头，搭接长度取 $15d$；

梁侧面纵向抗扭钢筋锚固长度为 l_{aE}。

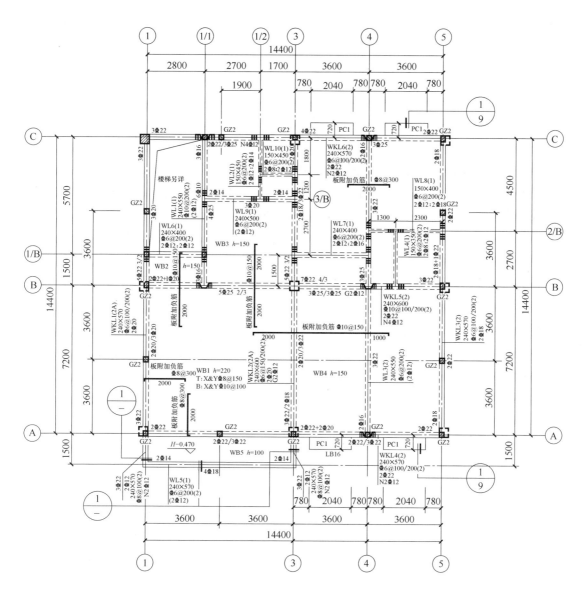

图 3-2-21　屋面层梁配筋平面图

未注明附加密箍为 2×3 Φ "d" @50（箍筋直径及肢数同该梁箍筋），未注明梁吊筋为 2Φ12

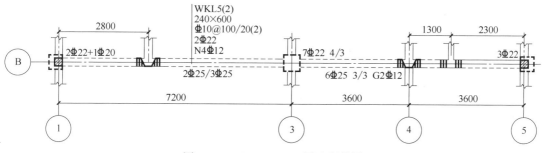

图 3-2-22　WKL5（2）平法配筋图

（2）梁侧面纵向钢筋的拉筋长度计算

计算方法与楼面框架梁，公式同式（3-2-20）。

5. 梁集中荷载作用处附加钢筋长度计算

（1）附加箍筋的计算

钢筋长度的计算同主梁箍筋计算，箍筋个数按设计标注的个数计算。

（2）吊筋长度的计算

计算方法与楼面框架梁，公式同（3-2-21）。

（二）柱内搭接方式的屋面框架梁钢筋计算

当柱外侧纵向钢筋很多，不宜采用第一种做法时，则将框架梁上部纵筋弯折到梁底部（不论是直锚还是弯锚）以下与框架柱外侧纵筋搭接，从柱顶起算，向下搭接；搭接长度$\geq 1.7 l_{abE}$，$l_{aE} \geq l_{abE}$。施工时，柱、梁钢筋需要一起绑扎，施工过程较复杂。标准构造见图3-2-23、图3-2-24。

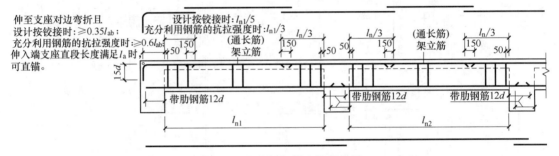

图 3-2-23 非框架梁配筋构造图

（22G101-1 P96）

1. 框架梁上部支座受力钢筋长度计算

（1）边支座钢筋长度计算

第一排边支座钢筋长度 $= l_n/3 +$ 支座锚固长度

$$(3-2-4)$$

第二排边支座钢筋长度 $= l_n/4 +$ 支座锚固长度

$$(3-2-5)$$

支座锚固长度 $= h_c - c - d_c - D_c + 1.7 l_{abE}$

$$(3-2-40)$$

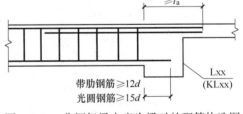

图 3-2-24 非框架梁支座为梁时的配筋构造图

当梁上部支座钢筋配筋率>1.2%时，梁边支座钢筋与柱外侧钢筋搭接长度分两排计算

梁上部第一排支座钢筋锚固长度 $= h_c - c - d_c - D_c + 1.7 l_{abE} + 20 d$ （3-2-41）

梁上部第二排支座钢筋锚固长度 $= h_c - c - d_c - D_c + 1.7 l_{abE}$ （3-2-42）

梁上部支座钢筋配筋率 $\rho = \dfrac{A_s}{b h_{b0}}$ （3-2-43）

式中 A_s——钢筋面积；

      h_{b0}——梁截面有效高度，$h_{b0} = h_b - s$； （3-2-44）

      s——受拉钢筋重心到截面最外边缘的距离。

钢筋为一排时，可取 $s=40\text{mm}$（图 3-2-12a、图 3-2-12b），钢筋为二排时，可取 $s=65\text{mm}$。

（2）通长钢筋长度计算

1）通长钢筋直径与支座钢筋直径相同时的长度计算

通长钢筋长度＝梁总净长（扣除两端框架柱边长 h_c）＋左、右端支座锚固长度

$$\text{(3-2-8)}$$

$$\text{支座锚固长度}=h_c-c-d_c-D_c+1.7l_{abE} \tag{3-2-40}$$

当梁上部支座钢筋配筋率＞1.2%时，梁边支座钢筋与柱外侧钢筋搭接长度分两排计算

$$\text{梁上部第一排支座钢筋锚固长度}=h_c-c-d_c-D_c+1.7l_{abE}+20d \tag{3-2-41}$$

上式也是通长钢筋的锚固长度的计算式。

2）通长钢筋直径与支座钢筋直径不相同时的长度计算

计算公式同式（3-2-9）、式（3-2-10），支座钢筋的锚固长度计算同式（3-2-40）、式（3-2-41），计算搭接长度时，应采用较小钢筋直径。

2. 屋面框架梁其他钢筋长度计算

其他钢筋计算方法同梁内搭接方式，图 3-2-21 为屋面层梁配筋平面图示例。

【例 3-2-8】　计算图 3-2-22 中 WKL5（2）的上部纵向受力钢筋长度，截取自图 3-2-21。

解：1. 2Φ22 通长筋计算

屋面框架梁边支座钢筋在边柱内的搭接，不论柱支座宽度的大小，上部钢筋都要在柱内弯折与柱外侧钢筋搭接。

方案一：柱外侧钢筋梁内搭接

锚固长度＝$\max(0.4l_{abE}+h_b-c-d_b$，支座宽$-c-d_c-D_c+h_b-c-d_b)$

左（右）支座锚固长度＝$\max(0.4l_{abE}+h_b-c-d_b$，支座宽$-c-d_c-D_c+h_b-c-d_b)$

$=\max(0.4\times35\times22+570,406+570)=976\text{mm}$

通长筋长度＝梁净跨＋右支座锚固长度＋左支座锚固长度

$=(14400-120-120)+976\times2$

$=16112\text{mm}$（按 8m 一个接头，考虑 1 个闪光对焊接头）

根数 $N=2$ 根，总长度＝$16112\times2=32224\text{mm}=32.224\text{m}$

方案二：梁上部钢筋柱内搭接

梁边支座上部钢筋配筋率 $\rho=\dfrac{A_s}{bh_{b0}}=3\times380/(240\times530)=0.896\%<1.2\%$

所以只需分一次截断。

支座锚固长度＝$h_c-c-d_c-D_c+1.7l_{abE}$

$=450-20-6-18+1.7\times35\times22=1715\text{mm}$

通长筋长度＝梁净跨＋右支座锚固长度＋左支座锚固长度

$=(14400-120-120)+1715\times2$

$=17590\text{mm}$（按 8m 一个接头，考虑 2 个闪光对焊接头）

根数 $N=2$ 根，总长度＝$17590\times2=35180\text{mm}=35.18\text{m}$

2. 支座负筋计算

（1）边支座负筋长度

1）右支座 3Φ22　Ⓔ轴交⑤轴处

方案一：柱外侧钢筋梁内搭接

锚固长度$=\max(0.4l_{abE}+h_b-c-d_b,$支座宽$-c-d_c-D_c+h_b-c-d_b)$

右支座锚固长度$=\max(0.4l_{abE}+h_b-c-d_b,$支座宽$-c-d_c-D_c+h_b-c-d_b)$
$$=\max(0.4\times35\times22+570,406+570)=976\text{mm}$$

1Φ22 钢筋长度$=l_n/3+\max(0.4l_{abE}+h_b-c-d_b,$支座宽$-c-d_c-D_c+h_b-c-d_b)$
$$=(7200-120-250)/3+976$$
$$=2276.7+976=3252.7\text{mm},\text{取}3253\text{mm}$$

根数 $N=1$ 根，总长度$=3253\times1=3253\text{mm}=3.530\text{m}$

方案二：梁上部钢筋柱内搭接

梁边支座上部钢筋配筋率$=0.896\%<1.2\%$

所以只需分一次截断。

支座锚固长度$=h_c-c-d_c-D_c+1.7l_{aE}$
$$=450-20-6-18+1.7\times770=1715\text{mm}$$

1Φ22 钢筋长度$=l_n/3+$支座锚固长度
$$=(7200-120-250)/3+1715$$
$$=2276.7+1715=3991.7\text{mm},\text{取}3992\text{mm}$$

根数 $N=1$ 根，总长度$=3992\times1=3992\text{mm}=3.992\text{m}$

2）左支座 2Φ22+1Φ20　Ⓔ轴交①轴处

方案一：柱外侧钢筋梁内搭接

锚固长度$=\max(0.4l_{abE}+h_b-c-d_b,$支座宽$-c-d_c-D_c+h_b-c-d_b)$

右支座锚固长度$=\max(0.4l_{abE}+h_b-c-d_b,$支座宽$-c-d_c-D_c+h_b-c-d_b)$
$$=\max(0.4\times35\times22+570,406+570)=976\text{mm}$$

1Φ20 钢筋长度$=l_n/3+\max(0.4l_{abE}+h_b-c-d_b,$支座宽$-c-d_c-D_c+h_b-c-d_b)$
$$=(7200-120-250)/3+976$$
$$=2276.7+976=3252.7\text{mm},\text{取}3253\text{mm}$$

根数 $N=1$ 根，总长度$=3253\times1=3253\text{mm}=3.530\text{m}$

方案二：梁上部钢筋柱内搭接

梁边支座上部钢筋配筋率 $\rho=\dfrac{A_s}{bh_{b0}}=(2\times380+314)/(240\times530)=0.844\%<1.2\%$

所以只需分一次截断。

支座锚固长度$=h_c-c-d_c-D_c+1.7l_{abE}$
$$=450-20-6-18+1.7\times35\times20=1596\text{mm}$$

1Φ20 钢筋长度$=l_n/3+$支座锚固长度
$$=(7200-120-250)/3+1596$$
$$=2276.7+1596=3872.7\text{mm},\text{取}3873\text{mm}$$

根数 $N=1$ 根，总长度$=3873\times1=3873\text{mm}=3.873\text{m}$

（2）中间支座负筋 4 ⚇ 22/3 ⚇ 22　Ⓔ轴交③轴处

计算过程同【例 3-2-1】中间支座钢筋计算，这里省略。

3. 下部钢筋、箍筋、侧面钢筋、附加钢筋计算

计算过程分别同【例 3-2-2】~【例 3-2-4】，这里省略。

六、基础联系梁的钢筋量计算

在房屋建筑中，基础联系梁是连接柱下独立基础、桩基承台的构件，它的构造要求与楼层抗震框架梁的构造相同，只是由于所处环境等级不同，保护层的厚度取值而有所不同。基础联系梁所设纵向钢筋一般均为通长配置。梁竖向设置位置有两种：一是梁顶标高同基础顶标高；二是梁顶设在室外（或室内）地面以下，其构造详图见图 2-2-8。

基础连系梁的钢筋长度计算公式与楼面框架梁相同，但要注意的是无论联系梁设在何种高度，梁的纵筋锚固都是从框架柱边起算；在框架柱内的锚固可以直锚时，应满足纵筋在柱内直锚的条件。三层小型综合楼基础连系梁的平法配筋施工图见图 2-2-10。

基础连系梁的计算可参见【例 3-2-1】~【例 3-2-5】，这里省略。

七、楼（屋）梁（非框架）的钢筋量计算

在房屋建筑中，不论其结构形式属于哪一种，每一楼（或屋面）层都要根据建筑功能的分区和房间的分隔情况设置框架主梁和非框架次梁（钢筋混凝土结构）或者只设置非框架主、次梁（砖混结构），框架梁的钢筋计算在前面已有论述，本小节只讨论非框架梁的钢筋计算。

（一）非框架梁钢筋的锚固长度计算

非框架梁分单跨梁和多跨连续梁（跨数≥2），梁配筋没有抗震要求，其梁侧面纵筋、箍筋构造同非抗震框架梁；连续梁中间支座上部纵筋的截断位置与非抗震框架梁中间支座上部纵筋的截断位置的取值相同，所不同的是边支座上部纵筋及跨中底部纵筋在支座内的锚固。

1. 非框架梁边支座上部钢筋的锚固长度计算

（1）当设计考虑边支座为铰接时 ［L×× （××）］

从力学角度来说，理想的铰接就是杆件只能绕支座销钉轴转动，而不能左、右、上、下移动。在房屋建筑实际工程中，理想的铰接是不存在的；如一根楼面梁端支撑在砖墙上，取力学模型（计算简图）计算梁内力时，梁端（边）支座按铰接考虑，如按所取计算简图计算，梁边支座上部不需要配置受力钢筋，而只需按梁跨度大小配置不同直径的构造钢筋（架立筋）即可；若一根楼（屋）面梁由其他楼（屋）面梁或构造柱一起整浇但又按铰接考虑时，按照构造规定梁边支座上部应配置不少于跨中底部受力筋面积 1/4 的构造受力钢筋，伸入跨中的长度为 1/5 净跨；这主要由于梁和其他梁或构造柱一起整浇，限制了它绕支撑点的自由转动（只能做微小的转动），所以梁端上部会存在一定的负弯矩（无法计算大小）导致梁上部在支座边缘开裂。因此在设计时，为防止梁在边支座处开裂，而做出以上构造规定；当考虑梁的边支座为铰接时，其上部钢筋构造规定见图 3-2-23。一般施工、预算人员在招投标阶段只能看图纸，图中非框架梁编号 L××（××）为铰接，编号 Lg××（××）为固端—钢筋强度充分利用。

判别非框架梁纵向构造受力钢筋是否直锚，见下列公式：

$$l_a \leqslant b_b - c - d_b - D_b \qquad (3\text{-}2\text{-}45)$$

满足（3-2-45）为直锚，否则为弯锚。

式中 b_b——支承梁宽；

       c——梁钢筋保护层厚度；

       d_b——支承梁（框架梁或非框架梁）箍筋直径；

       D_b——支承梁纵向钢筋直径。

$$\text{非框架梁纵向构造受力钢筋直锚长度} = l_a \qquad (3\text{-}2\text{-}46)$$

$$\text{非框架梁纵向构造受力钢筋弯锚长度} = \max[0.35l_{ab} + 15d, b_b - c - d_b - D_b + 15d]$$

$$(3\text{-}2\text{-}47)$$

注意：无论上部第一排或是第二排纵向钢筋，$b_b - c - d_b - D_b$ 应 $>0.35l_{ab}$，且留有钢筋错位间隙，否则应按照图 3-2-24（17G101-11）直锚，不能按图 3-2-24 直锚时，应通知设计人员修改设计。

（2）当设计考虑边支座上部纵筋强度充分利用时 [Lg××（××）]

按式（3-2-45）判别是否为直锚，当满足式（3-2-45）时，锚固长度按式（3-2-46）计算；当不满足式（3-2-45）时，按式（3-2-48）计算弯锚长度（Lg）。

$$\text{非框架梁纵向受力钢筋弯锚长度} = \max[0.6l_{ab} + 15d, b_b - c - d_b - D_b + 15d]$$

$$(3\text{-}2\text{-}48)$$

注意：无论上部第一排或是第二排纵向钢筋，$b_b - c - d_b - D_b$ 应 $>0.6l_{ab}$，且留有钢筋错位间隙，否则应按照图 3-2-24 直锚，不能按图 3-2-24 直锚时，应通知设计人员修改设计。

2. 非框架梁底部钢筋的锚固长度计算

（1）梁侧面纵向钢筋为构造钢筋时

判别非框架梁纵向构造受力钢筋是否直锚，见下式：

$$l_{as} \leqslant b_b - c - d_b - D_b \qquad (3\text{-}2\text{-}49)$$

满足式（3-2-49）为直锚，否则为弯锚。l_{as} 的取值不按设计剪力与混凝土抗剪承载力的大小关系，直接取大值。

式中 l_{as}——非框架梁底部纵向受力钢筋的锚固长度；

    带肋（变形）钢筋 $l_{as} = 12d$；光面钢筋 $l_{as} = 15d$。

$$\text{非框架梁底部纵向受力钢筋直锚长度} = l_{as} \qquad (3\text{-}2\text{-}50)$$

$$\text{非框架梁底部纵向受力钢筋弯锚长度} = \max[0.6l_{as} + 15d, b_b - c - d_b - D_b + 15d]$$

$$(3\text{-}2\text{-}51)$$

（2）梁侧面纵向钢筋为受扭钢筋（或圆弧梁）时

按式（3-2-45）判别是否为直锚，当满足式（3-2-45）时，锚固长度按式（3-2-46）计算；当不满足式（3-2-45）时，按式（3-2-47）计算弯锚长度（图 3-2-25a、图 3-2-25b）。

注意：无论下部第一排或是第二排纵向钢筋，$b_b - c - d_b - D_b$ 应 $>0.6l_{ab}$，且留有钢筋错位间隙。

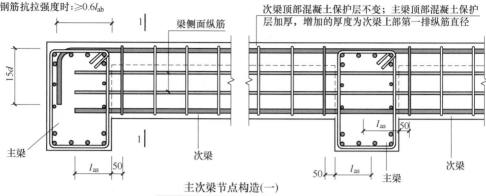

图 3-2-25a　非框架梁主次梁节点构造图

（18G901-1 P60）

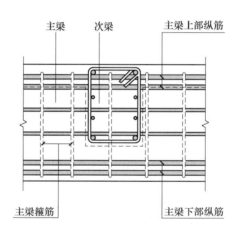

1—1

图 3-2-25b　非框架梁主次梁节点构造图

（18G901-1 P60）

（二）非框架梁钢筋长度计算

1. 非框架梁上部支座受力钢筋长度计算

（1）边支座钢筋长度计算

1）当边支座为铰接时

$$第一排边支座钢筋长度 = l_n/5 + 支座锚固长度 \tag{3-2-52}$$

锚固长度按式（3-2-46）计算；当不满足式（3-2-45）时，按式（3-2-47）计算弯锚长度。

2）当边支座上部钢筋强度充分利用时

$$第一排边支座钢筋长度 = l_n/3 + 支座锚固长度 \tag{3-2-53}$$

$$第二排边支座钢筋长度 = l_n/4 + 支座锚固长度 \tag{3-2-54}$$

锚固长度按式（3-2-46）计算；但不满足式（3-2-45）时，按式（3-2-47）计算弯锚长度。

（2）中间支座钢筋长度计算

$$第一排中间支座钢筋长度＝2×\max(l_{n1}/3,l_{n2}/3)＋中间支座宽度 \qquad (3\text{-}2\text{-}55)$$

$$第二排中间支座钢筋长度＝2×\max(l_{n1}/4,l_{n2}/4)＋中间支座宽度 \qquad (3\text{-}2\text{-}56)$$

式中 l_{n1}、l_{n2}——多跨非框架梁相邻跨的净跨。

（3）架立钢筋长度计算

每跨架立钢筋长度＝梁净跨(l_n)－左、右支座第一排负筋伸入跨中长度($l_n/3$)＋2×150

$$(3\text{-}2\text{-}11)$$

2. 非框架梁下部受力钢筋长度计算

$$第一排底筋钢筋长度＝梁净跨(l_n)＋左、右支座锚固长度 \qquad (3\text{-}2\text{-}57)$$

$$第二排底筋钢筋长度＝梁净跨(l_n)＋左、右支座锚固长度 \qquad (3\text{-}2\text{-}58)$$

支座锚固长度取值：

（1）梁侧面纵向钢筋为构造钢筋时

按式（3-2-45）判别是否为直锚，当满足式（3-2-45）时，锚固长度按式（3-2-46）计算；当不满足式（3-2-45）时，按式（3-2-47）计算弯锚长度。

（2）梁侧面纵向钢筋为受扭钢筋（或圆弧梁）时

按式（3-2-45）判别是否为直锚，当满足式（3-2-45）时，锚固长度按式（3-2-46）计算；当不满足式（3-2-45）时，按式（3-2-47）计算弯锚长度。

3. 复合箍筋长度计算

（1）大箍筋长度计算

按式（3-2-14）、式（3-2-14a）计算。

（2）小箍筋长度计算

按式（3-2-15）、式（3-2-16）计算小箍筋长度。

大、小箍筋135°弯钩直线段长度取值：抗扭时取 $\max(10d，75)$，常规取 $5d$。

（3）箍筋个数计算

计算方法同非抗震框架梁的箍筋个数计算，按式（3-2-18）计算。

圆弧梁的箍筋个数按外弧线长计算箍筋个数。

当梁由砖墙支承且为装配楼板时，每个端支座内应增加2个箍筋。

4. 梁侧面纵向钢筋及拉筋长度计算

（1）梁侧面纵向构造钢筋或抗扭纵向钢筋长度计算

侧面钢筋长度按式（3-2-18）计算。

（2）梁侧面纵向钢筋的拉筋长度计算

拉筋长度按式（3-2-19）计算。

5. 梁集中荷载作用处附加钢筋长度计算

（1）附加箍筋的计算

钢筋长度的计算同主梁箍筋计算，箍筋个数按设计标注的个数计算。

（2）吊筋长度的计算

吊筋长度按式（3-2-20）计算。

【例 3-2-9】　计算图 3-2-26 中 L1（1）的钢筋长度。

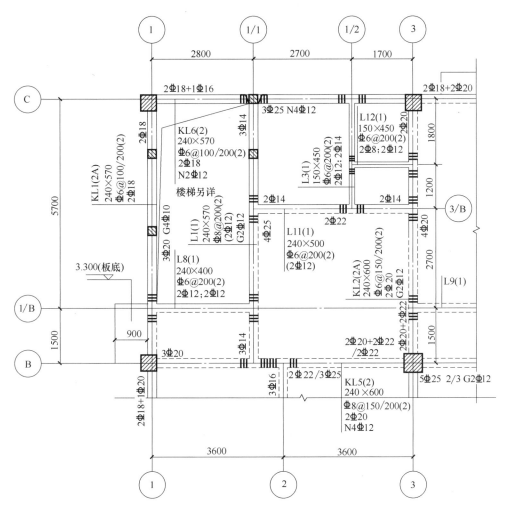

图 3-2-26　二层梁平法局部施工图

解：L1（1）支座上部钢筋为 3Φ14（面积 452mm^2），为跨中底部受力筋 4Φ25（面积 1964mm^2）的 23%，故支座按铰接计算；梁侧面钢筋 G2Φ12 为构造腰筋，底筋支座内的锚固长度≥l_{as}。

1. 边支座负筋长度计算

3Φ14 支座负筋计算查 22G101-1 P58 $l_{ab}=35d$

判断是否直锚：$l_a=l_{ab}=35d=35\times14=490$mm

490mm＞$b_b-c-d_b-D_b=240-20-8-20=192$mm，只能弯锚。

左、右支座（支承梁）分别为 KL5（2）、KL6（2），支承梁宽均为 240mm，上部通长钢筋直径分别为 2Φ20、2Φ18，考虑到左、右支座锚固长度取等长，梁上部角筋直径均按Φ20 计算。

支座钢筋长度＝$l_n/5$＋支座锚固长度

左、右支座钢筋弯锚长度＝$\max(0.35l_a+15d, b_b-c-d_b-D_b+15d)$

$$=\max(0.35\times490+15\times14,240-20-8-20+15\times14)$$
$$=\max(381.5,402)=402mm$$

左、右支座钢筋长度＝$(7200-240/2-240/2)/5+402=1392+402=1794mm$

根数 $N=3\times2=6$ 根，总长度＝$1794\times6=10764mm=10.764m$

2. （2 Φ 12）架立筋长度计算

架立筋钢筋长度＝$l_n-l_n/5\times2+150\times2$

$l_n=7200-240/2-240/2=6960mm$

钢筋长度＝$6960-6960/5\times2+150\times2$
$$=6960-2784+300=4476mm$$

根数 $N=2$ 根，总长度＝$4476\times2=8952mm=8.952m$

3. 4 Φ 25 底部受力筋长度计算

钢筋长度＝l_n＋左支座锚固长度＋右支座锚固长度

判别是否为直锚：$l_{as}=12d=12\times25=300mm$

$300mm>b_b-c-d_b-D_b=240-20-8-20=192mm$，只能弯锚

钢筋弯锚长度＝$\max(0.6l_{as}+15d,b_b-c-d_b-D_b+15d)$
$$=\max(0.6\times300+15\times25,240-20-8-20+15\times25)$$
$$=\max(555,567)=567mm$$

钢筋长度＝$6960+567\times2=8094mm$

根数 $N=4$ 根，总长度＝$8094\times4=32376mm=32.376m$

4. 箍筋计算

箍筋长度＝$[(b_b-2c-d)+(h_b-2c-d)]\times2+2\times2.9d+2\times5d$
$$=[(240-2\times20-6)+(570-2\times20-6)]\times2+2\times7.9\times6$$
$$=(194+524)\times2+94.8=1530.8mm，取 1531mm$$

箍筋个数＝(净跨-2×50)/箍筋间距$+1$＋加密箍
$$=(6960-100)/200+1+2\times3\times2=35.3+6\times2=47.3 个，取 48 个$$

箍筋总长度＝$48\times1531=73488mm=73.488m$

5. 梁侧面钢筋计算（查 22G101-1 P97 或图 3-2-10b）

（1）梁侧面钢筋计算

钢筋长度＝$l_n+15d\times2$
$$=6960+15\times12\times2=7320mm$$

根数 $N=2$ 根，总长度＝$7320\times2=14640mm=14.640m$

（2）拉筋计算

拉筋长度＝$(b_b-2\times$拉筋保护层厚度$-d)+2\times2.9d+2\times5d$
$$=[240-2\times(20+8-6)-6]+2\times7.9\times6$$
$$=190+94.8=284.8mm，取 285mm$$

拉筋个数＝$(l_n-2\times50)/$拉筋间距$+1$
$$=(6960-100)/400+1=17.15+1=18.15 个，取 19 个$$

拉筋总长度＝$19\times285=5415mm=5.415m$

【例 3-2-10】 计算图 3-2-26 中 L12（1）的钢筋长度。

解：L12（1）上部钢筋为 $2\Phi8$（面积 $100.6mm^2$）为跨中底部受力筋 $2\Phi12$（面积 $226mm^2$）的 44.5%，因为该梁跨度小，底部配筋也小，虽然上部钢筋面积接近底部一半，但支座仍按铰接计算；梁侧面没有配纵向钢筋，底筋支座内的锚固长度 $\geqslant l_{as}$。

1. $2\Phi8$ 架立通长筋长度计算

查 1601-1 P58 $l_a=35d$

右支座（支承梁，位于③轴）为 KL2（2A），支承梁宽均为 240mm，上部通长钢筋直径为 $2\Phi20$；右支座（支承梁，位于⑫轴）为 L3（1），支承梁宽均为 150mm，上部通长架立钢筋直径为 $2\Phi12$，由于左、右支座宽度不同，锚固长度分别计算。

判断是否直锚：$l_a=l_{ab}=35d=35\times8=280mm$

$280mm>b_b-c-d_b-D_b=150-20-6-12=112mm$（按 L3（1）的条件），只能弯锚；

$280mm>b_b-c-d_b-D_b=240-20-6-20=194mm$（按 KL2（2A）的条件），只能弯锚。

钢筋长度 $=l_n+$ 左支座锚固长度 $+$ 右支座锚固长度

$l_n=1700-150/2-240/2=1505mm$

左支座弯锚长度 $=\max(0.35l_a+15d,b_b-c-d_b-D_b+15d)$
$=\max(0.35\times280+15\times8,150-20-6-12+15\times8)$
$=\max(218,232)=232mm$

右支座弯锚长度 $=\max(0.35l_a+15d,b_b-c-d_b-D_b+15d)$
$=\max(0.35\times280+15\times8,240-20-6-20+15\times8)$
$=\max(218,314)=314mm$

钢筋长度 $=1505+232+314=2051mm$

根数 $N=2$ 根，总长度 $=2051\times2=4102mm=4.102m$

2. $2\Phi12$ 底部受力筋长度计算

钢筋长度 $=l_n+$ 左支座锚固长度 $+$ 右支座锚固长度

判别否直锚：$l_{as}=12d=12\times12=144mm$

$144mm>b_b-c-d_b-D_b=150-20-6-12=112mm$（按 L3（1）的条件），只能弯锚；

$144mm<b_b-c-d_b-D_b=240-20-6-20=194mm$（按 KL2（2A）的条件），直锚。

左支座弯锚长度 $=\max(0.6l_{as}+15d,b_b-c-d_b-D_b+15d)$
$=\max(0.6\times144+15\times12,150-20-6-12+15\times12)$
$=\max(266.4,292)=292mm$

钢筋长度 $=1505+292+144=1941mm$

根数 $N=2$ 根，总长度 $=1941\times2=3882mm=3.882m$

3. 箍筋计算

因为该梁既不抗震，也不抗扭，故计算方法同【例 3-2-9】的箍筋计算。

【例 3-2-11】 计算图 3-2-27 中 L4（2A）的钢筋长度。

解：L4（2A）左支座（悬挑端）上部钢筋为 $3\Phi14$（面积 $452mm^2$），中间支座上部受力筋为 $3\Phi25$（面积 $1473mm^2$），右支座上部钢筋为 $2\Phi16$（面积 $402mm^2$）是跨中受力

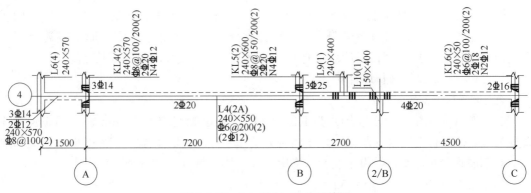

图 3-2-27　L4（2A）平法配筋图

未注明附加密箍为 $2×3\,\Phi\,"d"\,@50$（箍筋直径及肢数同该梁箍筋），未注明梁吊筋为 $2\,\Phi\,12$

筋为 $4\,\Phi\,20$（面积 $1256mm^2$）的 32%，故右支座按铰接计算；没有配梁侧面构造腰筋，跨中底筋支座内的锚固长度 $\geqslant l_{as}$。

1. 支座负筋计算

（1）④轴交Ⓐ轴处边支座负筋 $3\,\Phi\,14$ 与悬挑端 $3\,\Phi\,14$ 负筋结合计算

悬挑长度 $l=1500-120+120=1500mm<4h_b=4×570=2280mm$，所以纵筋可不下弯。

$$纵筋长度=l_n/3+支座宽+梁悬挑长度-c+12d$$
$$=(7200-240/2-240/2)/3+240+1500-20+12×14$$
$$=2320+240+1500-20+168=4208mm$$

根数 $N=3$ 根，总长度 $=4208×3=12624mm=12.624m$

注意：当悬挑端的挑出长度大于内跨的 $l_n/3$ 时，悬挑端的钢筋伸进跨内长度应大于等于挑出长度。

（2）④轴交Ⓑ轴处 $3\,\Phi\,25$ 负筋计算

$$钢筋长度=2×max(l_{n1}/3,l_{n2}/3)+中间支座宽度$$
$$=2×(7200-240/2-240/2)/3+240$$
$$=2×2320+240=4880mm$$

根数 $N=3$ 根，总长度 $=4880×3=14640mm=14.640m$

（3）④轴交Ⓒ轴处 $2\,\Phi\,16$ 负筋计算

支座（支承梁）为 KL6（2），梁宽为 $240mm$，上部通长钢筋直径分别为 $2\,\Phi\,18$。

查 22G101-1 P59 $l_a=35d$

判断是否直锚：$l_a=l_{ab}=35d=35×16=560mm$

$560mm>b_b-c-d_b-D_b=240-20-6-18=196mm$，只能弯锚。

$$钢筋长度=l_n/5+支座锚固长度$$

$$弯锚长度=max[0.35l_a+15d,b_b-c-d_b-D_b+15d]$$
$$=max(0.35×560+15×16,240-20-6-18+15×16)$$
$$=max(436,436)=436mm$$

$$钢筋长度=(7200-240/2-240/2)/5+436=1392+436=1828mm$$

根数 $N=2$ 根，总长度 $=1828×2=3656mm=3.656m$

2. （2 Φ 12）架立筋长度计算

（1）④轴交Ⓐ～Ⓑ轴处架立筋计算

钢筋长度＝$l_n-l_n/3\times2+150\times2$

$l_n=7200-240/2-240/2=6960$mm

钢筋长度＝$6960-6960/3\times2+150\times2$

$\qquad=6960-2320\times2+300=2620$mm

根数 $N=2$ 根，总长度＝$2620\times2=5240$mm＝5.240m

（2）④轴交Ⓑ～Ⓒ轴处架立筋计算

钢筋长度＝$l_n-l_n/3-l_n/5+150\times2$

$l_n=7200-240/2-240/2=6960$mm

钢筋长度＝$6960-6960/3-6960/5+150\times2$

$\qquad=6960-2320-1392+300=3548$mm

根数 $N=2$ 根，总长度＝$3548\times2=7096$mm＝7.096m

3. 底筋计算

（1）④轴交Ⓐ～Ⓑ轴、Ⓑ～Ⓒ轴处底筋计算

计算方法同【例 3-2-9】L1（1）的底筋计算，但是在中间支座底部钢筋可以直锚或者将两跨相同底筋按通长钢筋计算。

（2）悬挑端底筋 2 Φ 12 计算

计算方法同【例 3-2-6】KL3（2A 的底筋计算）。

4. 箍筋计算

（1）跨中箍筋计算Φ6@200（2）

计算方法同【例 3-2-9】L1（1）的箍筋计算。

（2）悬挑端箍筋计算Φ8@100（2）

计算方法同【例 3-2-6】KL3（2A）的箍筋计算。

八、框支梁的钢筋量计算

框支梁是指组成转换结构—框支框架的钢筋混凝土梁，框支框架支撑的是不能落地的剪力墙。框支梁的配筋构造见图 3-2-28（22G101-1 P103）。弯锚时，计算钢筋水平段长度所用 $l_{aE}\geqslant l_{abE}$，即锚固长度修正系数 $\zeta_a\geqslant1.0$（只针对弯锚）。

（一）上部纵向钢筋长度计算

1. 通长钢筋长度计算

根据构造规定支座上部纵向钢筋至少应有 50% 的钢筋沿梁全长贯通，钢筋连接宜采用机械接头。

通长钢筋长度＝梁总净长(扣除两端框支柱边长 h_c)＋左、右端支座锚固长度

$$(3-2-59)$$

$$通长钢筋支座锚固长度＝\max[0.4l_{aE}+(h_b-c-d_b)+l_{aE},h_c-c-d_c-D_c+(h_b-c-d_b)+l_{aE}]\qquad(3-2-60)$$

式中　d_b——框支梁箍筋直径；

$\qquad h_b$——框支梁截面高度；

$\qquad d_c$——框支柱箍筋直径；

h_c——框支柱平行框支梁跨长方向截面边长。

2. 边支座钢筋长度计算

$$第一排支座钢筋长度＝l_{n1}/3＋通长钢筋支座锚固长度 \qquad (3\text{-}2\text{-}61)$$

$$第二排边支座钢筋长度＝l_{n1}/3＋锚固长度 \qquad (3\text{-}2\text{-}62)$$

$$第二排钢筋锚固长度＝\max[\max(0.4l_{aE}＋15d，h_c－c－d_c－D_c＋15d)，l_{aE}]$$

$$(3\text{-}2\text{-}63)$$

3. 中间支座钢筋长度计算

$$第一、二排中间支座钢筋长度＝2\times\max(l_{n1}/3，l_{n2}/3)＋中间支座宽度 \qquad (3\text{-}2\text{-}64)$$

式中　l_{n1}、l_{n2}——多跨框架梁相邻跨的净跨。

（二）下部纵向钢筋长度计算

在部分框支剪力墙结构中，由于框支梁要承托上部剪力墙，其承受的内力很大，配置的纵向钢筋也很多，钢筋均采用通长配置，接头采用机械连接。

$$通长钢筋长度＝梁总净长（扣除两端框支柱边长 h_c）＋左、右端支座锚固长度$$

$$(3\text{-}2\text{-}65)$$

$$端支座钢筋直锚长度＝\max(l_{aE}，h_c/2＋5d) \qquad (3\text{-}2\text{-}66)$$

$$端支座钢筋弯锚长度＝\max[\max(0.4l_{aE}＋15d，h_c－c－d_c－D_c＋15d)，l_{aE}]$$

$$(3\text{-}2\text{-}67)$$

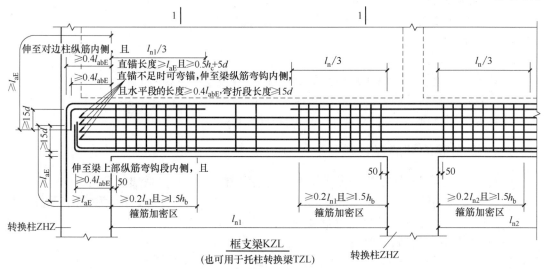

图 3-2-28　框支梁配筋构造图

（三）框支梁侧面纵向钢筋长度计算

框支梁侧面纵向钢筋配筋要求：间距≤200mm，直径≥16mm，按受拉钢筋强度充分利用计算锚固长度。

钢筋长度按式（3-2-59）计算，锚固长度按式（3-2-63）、式（3-2-65）计算。

（四）箍筋长度计算

箍筋长度、个数计算方法同框架梁，但加密区长度＝$\max(1.5h_b，0.2l_{n1})$。当梁上、下纵筋根数多于8根，且箍筋肢数多于4肢，箍筋布置图见18G901-1 P21。

注意：当框支梁采用焊接封闭箍筋时，不计算135°弯钩（13G101-11 P24）。

任务四

剪 力 墙

第一节　剪力墙的基本知识

一、剪力墙的组成

在剪力（抗震）墙结构、框架-剪力（抗震）墙结构及筒体结构中，剪力（抗震）墙是由纵、横向的钢筋混凝土墙组成的承重构件，它既可以承受竖向重力作用，又可以承受水平风、地震作用，所以将钢筋混凝土墙称为剪力墙或抗震墙。根据其构造特点，墙由三部分组成：

$$
剪力墙
\begin{cases}
墙身（Q）\\[4pt]
墙柱
\begin{cases}
约束边缘构件（YBZ）\\
构造边缘构件（GBZ）
\end{cases}\\[4pt]
墙梁
\begin{cases}
连梁（LL）\\
暗梁（AL）\\
边框梁（BKL）
\end{cases}
\end{cases}
$$

二、剪力墙的抗震等级

钢筋混凝土墙抗震等级的确定与框架柱一样是根据房屋的类别、设防烈度、结构承重类型和房屋高度采用特一级和一、二、三、四级等不同的抗震等级，等级数字越小，要求越高。在一栋建筑物的结构设计总说明中，结构设计人员会按照以上要求对房屋的结构类型、类别及设防烈度、抗震等级作出说明。工程造价及施工人员必须按照结构设计总说明中的要求并按照 G101、G329、G901 系列结构构造标准图集等计算钢筋的预算长度或下料长度。

下面就以某十二层框架-剪力墙结构的（局部）工程为例，说明剪力墙的墙身、墙梁、墙柱的钢筋在基础内的锚固、各楼层、屋面以及变截面处钢筋的连接构造作法，并列出计算公式和计算过程。

三、剪力墙中配置的钢筋种类及作用

（一）墙身受力钢筋（图 4-1-1）

在墙身中配置的受力钢筋分水平、竖向分布钢筋和拉结筋，其所起的作用如下：

1. 帮助混凝土承担压力，防止混凝土发生脆性破坏。

2. 承受由重力、风力、地震作用在墙身中产生的弯矩、剪力等。

（二）墙柱受力筋（图4-1-1）

图4-1-1　剪力墙柱配筋实拍

在墙柱中配置的钢筋有纵向受力钢筋、箍筋两种，它们所起的作用与框架柱中所配钢筋作用类似，所不同的是墙柱是与墙身作为一个整体而共同受力。

（三）墙梁受力筋

墙梁分暗梁、连梁及边框梁；当边框梁的宽度同墙身时，该边框梁即暗梁。墙梁中配有纵向受力钢筋、箍筋、腰筋，连梁、暗梁的腰筋由墙身水平筋替代。与框架梁不同的是墙体水平筋放在箍筋的外侧。

第二节　剪力墙钢筋量手工计算

一、某工程十二层高层框架-剪力墙结构（局部）施工图

本工程位于湖南长沙市，6度抗震设防，框架抗震等级为四级，剪力墙抗震等级为三级，剪力墙底部加强区为−4.830～7.170m。下面所用图纸为部分截图。

二、剪力墙配筋的标准构造做法

钢筋混凝土墙的配筋构造详图分墙柱插筋在基础中的锚固构造（22G101-3、18G901-3），有关墙的竖向钢筋在基础内的插筋构造；墙身竖向、水平钢筋连接构造及墙梁交节点（墙顶、变截面处）墙柱纵向钢筋构造（22G101-1、18G901-1）。按照墙柱平法施工图以及22G101、18G901系列国家标准图集深入理解结构设计图纸所表达的内容，为准确计算墙体钢筋量打下良好基础。

三、剪力墙钢筋量手工计算

要计算钢筋混凝土墙的钢筋用量，首先要弄清楚钢筋混凝土墙由墙身、墙柱、墙梁三部分组成，其内配有哪些钢筋，配置的钢筋有哪些标准构造规定；能够看懂按平法制图规则绘制的墙平法施工图，然后按照墙纵筋在基础内的锚固、墙身和墙柱节点、墙梁钢筋标准构造将墙钢筋量计算出来。下面就按图 4-2-1 所示剪力墙的平法施工图、22G101-1、22G101-3 及与之配套使用 18G901-1、18G901-3 分别讲解墙内配置的纵筋、箍筋、水平分布筋、竖向分布筋在基础内、首层、中间楼层及顶层的钢筋计算方法。

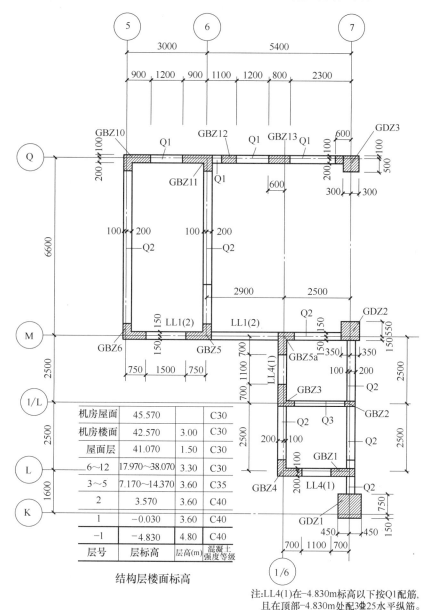

层号	层标高	层高(m)	混凝土强度等级
机房屋面	45.570		C30
机房楼面	42.570	3.00	C30
屋面层	41.070	1.50	C30
6~12	17.970~38.070	3.30	C30
3~5	7.170~14.370	3.60	C35
2	3.570	3.60	C40
1	-0.030	3.60	C40
-1	-4.830	4.80	C40

结构层楼面标高

注：LL4(1)在-4.830m标高以下按Q1配筋，且在顶部-4.830m处配3Φ25水平纵筋。

图 4-2-1　负一层墙柱平面布置图

本图中▽为基础顶～－0.030 标高剪力墙抗震等级三级

(一) 剪力墙中墙柱及墙身钢筋量计算

1. 剪力墙的基础插筋在基础内的锚固长度计算

（1）墙柱纵向钢筋在基础内的锚固长度计算

墙体边缘构件-墙柱（端柱、暗柱）在基础内的锚固要求与框架柱相同（图 2-2-2），墙柱纵向钢筋在基础内的锚固计算与框架柱在基础内的锚固计算完全相同，这里不再讲述。

（2）剪力墙墙身竖向钢筋基础内的锚固长度计算

无论剪力墙的基础是何种形式，其竖向钢筋在基础内的锚固要求均相同，墙身竖向钢筋在基础内的锚固见图 4-2-2～图 4-2-4（来自 18G901-3 P17～19），墙身竖向钢筋在基础内的锚固长度无论是否满足直锚（竖筋在支座内的直线段长度≥l_{aE} 时）或弯锚（纵筋在支座内的直线段长度＜l_{aE} 时）的要求，纵筋都要从基础顶延伸至基础底部钢筋网片上（长度大小用 h_1 表示），并弯折 90°，长度为 a，a 的取值必须根据纵筋是否满足直锚来确

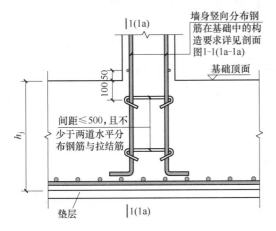

图 4-2-2　墙身插筋在基础中的排布构造

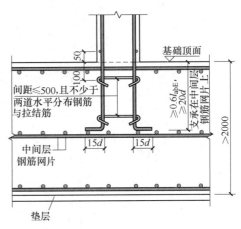

图 4-2-3a　墙身插筋在基础中的排布构造
（基础厚度＞2m，且不满足直锚）

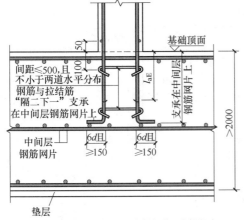

(a) 基础顶面至中间层网片高度满足直锚长度

图 4-2-3b　墙身插筋在基础中的排布构造
（基础厚度＞2m，且满足直锚）锚固构造

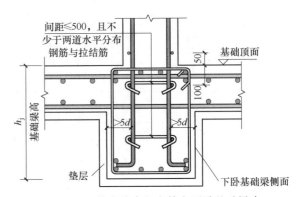

图 4-2-4　剪力墙身竖向筋在下卧基础梁内

定，见下列公式：

$$h_1 = h_j - c - d_X - d_Y \qquad (4\text{-}2\text{-}1)$$

式中　　h_j——基础高度；

　　　　　c——钢筋保护层厚度，最外边缘钢筋外侧至构件外边缘的距离；

　　　　　d_X——基础（梁）底部 X 方向钢筋直径；

　　　　　d_Y——基础底（梁）部 Y 方向钢筋直径。

当 $h_1 < l_{aE}$ 时，$\qquad\qquad\qquad a = 15d \qquad\qquad\qquad (4\text{-}2\text{-}2)$

注意：h_1 应 $\geqslant 0.6l_{abE}$，且不小于 $20d$，否则应通知设计人员修改设计。

当 $h_1 \geqslant l_{aE}$ 时，$a \geqslant 6d$，且不小于 150mm（见 22G101-3 P64 或 18G901-1 P18）

$$\qquad\qquad\qquad\qquad\qquad (4\text{-}2\text{-}3)$$

2. 墙柱的基础插筋长度计算

（1）墙柱基础插筋长度＝$h_1 + a +$ 墙柱底部非连接区高度＋绑扎搭接长度　　（4-2-4）

式中，h_1、a 按式（4-2-1）～式（4-2-3）计算。

$$\text{基础内的大箍筋个数} = (h_1 - 100 - 4 \times D_c)/500 + 1 \geqslant 2 \qquad (4\text{-}2\text{-}4a)$$

（2）墙柱非连接区高度的计算

墙柱之一端柱竖向纵筋连接方式与锚固同框架柱，这里不再讲述。暗柱非连接区高度只与竖向纵筋连接方式有关，与有无地下室无关。

竖向纵筋采用机械连接、焊接方式，见图 4-2-5（22G101-1 P77 或 18G901-1 P72）。

3. 楼层墙柱（暗柱）的钢筋长度计算

（1）竖向纵筋长度＝层高－本层底部非连接区高度＋上一层底部非连接区高度＋绑扎搭接长度

$$\qquad\qquad\qquad\qquad\qquad (4\text{-}2\text{-}5)$$

计算依据见图 4-2-5、图 4-2-6。

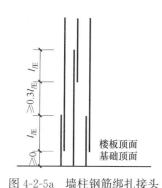

图 4-2-5a　墙柱钢筋绑扎接头　　　图 4-2-5b　墙柱钢筋机械接头

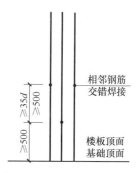

图 4-2-6　墙柱钢筋焊接接头

计算公式为通式，当采用机械连接、焊接时，绑扎搭接长度为 0。

（2）复合箍筋长度计算

墙柱横截面复合箍筋的计算原则与框架柱相同，即以箍筋的中心线长度作为计算标的，计算式同框架柱箍筋计算式，箍筋构造要求也与框架柱相同，箍筋长度按式（2-2-11）～式（2-2-14）计算，但对于暗柱箍筋保护层厚度取值则要考虑墙身保护层厚度和墙身水平分布筋的直径（D_X），即箍筋的内侧边与墙身水平分布筋的内侧平齐。

（3）箍筋个数计算

墙柱箍筋一般情况下是不设加密区的，但对于采用绑扎搭接接头区域则要加密箍筋，加密间距≥5d（d 为搭接钢筋中的较小纵筋直径），且不小于100mm。

1）机械连接、焊接接头

$$箍筋个数＝（层高－2×50）/箍筋间距＋1 \qquad (4\text{-}2\text{-}6)$$

计算依据见 22G101-1 P77。

2）绑扎搭接接头

$$箍筋个数＝[（第一个搭接区长度－50）/加密区箍筋间距]＋1.3倍搭接长度/$$
$$加密区箍筋间距＋（层高－2.3倍搭接长度－50）/箍筋非加密区间距 \qquad (4\text{-}2\text{-}7)$$

计算依据见 22G101-1 P77。

4. 剪力墙墙身钢筋长度计算

（1）墙身竖向分布筋长度计算

1）竖向分布筋基础插筋长度

$$插筋长度＝h_1＋a＋墙身底部非连接区高度＋绑扎搭接长度 \qquad (4\text{-}2\text{-}8)$$

式中，h_1、a 按式（4-2-1）～式（4-2-3）计算。

$$基础内的水平分布筋根数＝[(h_1－100－4×D_c)/500＋1]×排数≥2×排数$$
$$(4\text{-}2\text{-}8a)$$

2）楼层竖向分布筋长度

$$竖向分布筋长度＝层高－本层底部非连接区高度＋上一层底部非连接区高度＋$$
$$上一层绑扎搭接长度 \qquad (4\text{-}2\text{-}9)$$

计算依据见图 4-2-7、图 4-2-8。

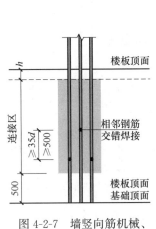

图 4-2-7　墙竖向筋机械、焊接接头

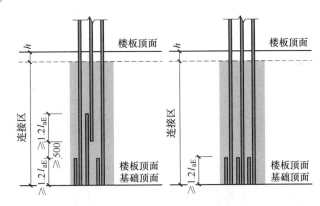

（a）一、二级抗震等级剪力墙底部加强部位竖向分布钢筋搭接构造　（b）一、二级抗震等级剪力墙非底部加强部位或三、四级抗震等级剪力墙竖向分布钢筋搭接构造，可在同一部位搭接

图 4-2-8　墙竖向筋绑扎接头

当墙身竖向分布筋直径≥16mm 时，采用机械或焊接接头，楼层底部非连接区取500mm；当墙身竖向分布筋直径在 10～14mm 时，采用绑扎搭接接头，没有非连接区的要求，即底部非连接区高度为 0，对于抗震等级为一、二级的剪力墙底部加强区竖向分布

钢筋要求分两次错开搭接，其他情况可在同一截面一次搭接（见图 4-2-8）。剪力墙底部加强区的起止高度由设计人员在结构设计总说明中给出。

3）竖向分布筋根数计算

竖向分布筋根数＝[（墙长－两端墙柱同方向长度）/竖向分布筋间距－1]×排数

$$(4-2-10)$$

（2）墙身水平分布筋长度计算

1）墙一端为转角、一端为翼墙暗柱时（图 4-2-9、图 4-2-10）

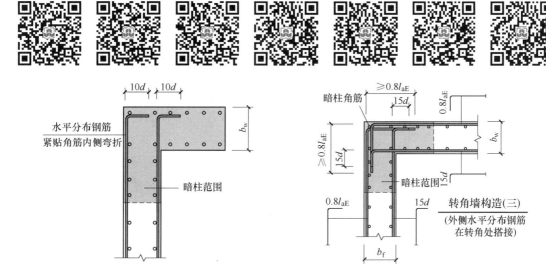

图 4-2-9 内、外侧水平分布筋在转角墙内的构造

内侧水平分布筋长度＝墙长－2×$(c+D_X+D_c)$＋2×15d （4-2-11）

墙长包含两端的暗柱尺寸。

外侧水平分布筋长度＝墙长－2×$(c+D_X+D_c)$＋15d＋0.8l_{aE} （4-2-12）

式（4-2-12）用于转角墙为连续无洞口的墙。

当一端转角墙处有洞口（暗柱一边无墙体与之连接），另一端仍为翼墙（图 4-2-9、图 4-2-10），式（4-2-12）修改为

外侧水平分布筋长度＝墙长－2×$(c+D_X+D_c)$＋15d＋10d （4-2-12a）

式中 D_X——墙水平筋直径。

当两端同为转角墙时，式（4-2-12）修改为式（4-2-12b），式（4-2-12a）修改为式（4-2-12c）

外侧水平分布筋长度＝墙长－2×$(c+D_X+D_c)$＋2×0.8l_{aE} （4-2-12b）

内侧水平分布筋长度＝墙长－2×$(c+D_X+D_c)$＋2×15d （4-2-12c）

当按 22G101-1 计算时，式（4-2-12a）～式（4-2-12c）只需扣除 2c。在计算墙水平分布筋长度时，钢筋长度大于 8m 要考虑绑扎搭接长度 l_{lE}，每 8m 考虑一个绑扎搭接接头，水平筋按构造要求错开搭接，搭接长度系数取 $\zeta_1=1.2$。一般情况下墙长不会超过 8m，但地下室除外。

2）墙两端均为一字形暗柱时（墙为独立墙肢）（图 4-2-11）

① 水平筋伸至暗柱外侧纵筋内侧时

$$外侧水平分布筋长度 = 墙长 - 2 \times (c + d_c + D_c) + 2 \times 10d \qquad (4\text{-}2\text{-}13)$$

② 水平筋伸至暗柱外侧纵筋外侧时

$$外侧水平分布筋长度 = 墙长 - 2 \times c + 2 \times 10d \qquad (4\text{-}2\text{-}13a)$$

3）墙一端为一字形暗柱，一端为转角、翼墙暗柱时

按式（4-2-11）～式（4-2-13a）组合计算。

4）墙端为端柱时（图 4-2-12，来自 22G101-1 P76）

$$水平分布筋长度 = 墙身长 + 左、右锚固长度 \qquad (4\text{-}2\text{-}14)$$

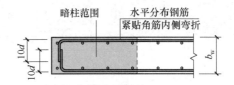

图 4-2-11　水平分布筋在一字形暗柱内的构造

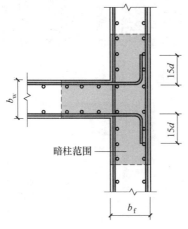

图 4-2-10　内、外侧水平分布筋在
转角墙、翼墙内的构造

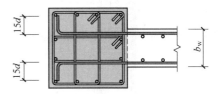

图 4-2-12　水平分布筋在端柱内的构造

式（4-2-14）的锚固长度可分为直锚和弯锚两种情况，且此时墙的水平分布筋还需区分外侧钢筋和内侧钢筋：

① 当墙边与端柱边平齐时，位于平齐一侧的墙水平分布筋（称之为外侧钢筋）必须弯锚，墙另一侧水平分布筋（称之为内侧钢筋）可根据直锚条件判别是否直锚或弯锚。

② 当墙边与端柱边不平齐时，墙两侧水平分布筋（均称之为内侧钢筋），都需根据直锚条件判别是否直锚或弯锚。此两种情形详见 22G101-1 P76 和 18G101-1 P75。

不论是直锚还是弯锚，墙的水平分布筋（包括墙梁纵筋）都须延伸到端柱对边竖向纵筋内侧。

判别直锚的条件：

端柱平行墙长方向的边长 $- (c + d_c + D_c) \geqslant l_{aE}$，可直锚，否则须弯锚。

直锚时：

$$锚固长度 = 端柱边长（平行墙长方向）- (c + d_c + D_c) \qquad (4\text{-}2\text{-}14a)$$

弯锚时，墙的水平分布筋（包括墙梁纵筋）延伸到端柱对边竖向纵筋内侧后再弯折 $15d$

$$锚固长度 = 端柱边长（平行墙长方向）- (c + d_c + D_c) + 15d \qquad (4\text{-}2\text{-}14b)$$

在实际工程的计算中，端柱的 $c + d_c + D_c = 45 \sim 55\text{mm}$。

（3）水平分布筋根数计算

内、外侧水平分布筋根数＝(层高－2×50)/水平分布筋间距＋1 （4-2-15）

计算依据见 18G901-1 P76。

（4）墙身分布钢筋拉筋计算

剪力墙墙身拉筋布置见图 4-2-13。

1）拉筋长度计算

$$拉筋长度＝(b_w－2×c－d)＋2×135°弯钩长度 \tag{4-2-16}$$

式中　b_w——墙身厚度。

2）拉筋个数计算

按 18G901-1 P101 中的规定，剪力墙层高范围最下一排拉筋位于底部板面以上第二排水平分布筋位置处，最上一排位于层顶部板底下第一排水平分布筋位置处；墙身长度范围内距边缘构件边第一排竖向分布筋处开始设置，同时在边缘构件范围内的水平分布筋也应设拉筋，间距不大于墙身拉筋间距，见图 4-2-12。

$$拉筋个数＝[(层高－2×50－2×水平筋间距)/s_X＋1]×$$
$$[(墙身长度－2×竖向筋间距)/s_Y＋1＋2] \tag{4-2-17}$$

式中　s_X——拉筋沿层高方向的间距；

　　　　s_Y——拉筋沿墙身长度方向的间距。

【例 4-2-1】 计算图 4-2-1 中 GBZ10 的基础插筋及负一层钢筋长度，图 4-2-14～图 4-2-17 为配套图纸。

查找已知条件：从图 4-2-14 中得知基础顶标高为－4.830m，从图 4-2-15 中得知基础高度为 1100mm。

解： 1. 基础插筋计算

（1）竖向纵筋计算

判断 GBZ10 插筋伸入基础内的长度，图 4-2-1 中的 GBZ10 对应图 4-2-14 中的 CTB-1 及从图 4-2-15 中的基础列表中查到基础高度 $h_j＝1100$mm，基础底筋保护层厚度为 100mm，双向底筋为 $\Phi20@150$，混凝土强度等级 C40。从图 4-2-17 中查到 GBZ10 竖向纵筋 20Φ16 进入基础内的直线段长度。

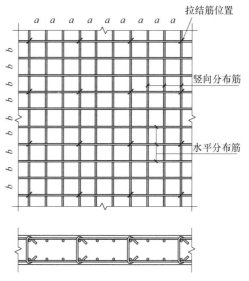

图 4-2-13　墙分布筋拉筋布置图

$h_1＝1100－100－2×20＝960$mm

（查 22G101-3 P58 或 22G101-1 P58）纵向钢筋抗震基本锚固长度：

$l_{abE}＝30d＝30×16＝480$mm$<h_1$

从图 4-2-14 中可看到基础承台外边至 GBZ10 外边为 650mm$>5d$，所以取 $\zeta_a＝0.7$。

竖向纵筋抗震锚固长度 $l_{aE}＝\zeta_a×l_{abE}＝0.7×30d＝0.7×30×16＝336mm<h_1$

所以竖向纵筋在基础内的弯折长度 a 取值按式（2-2-3）（或见 22G101-3 P65 图 a）

20Φ16：　$a＝\max(6d,150)＝\max(6×16,150)＝\max(96,150)$，取 150mm

GBZ10 基础插筋长度按式（2-2-6）计算。

竖向纵筋直径为 16mm，采用电渣压力焊接头。

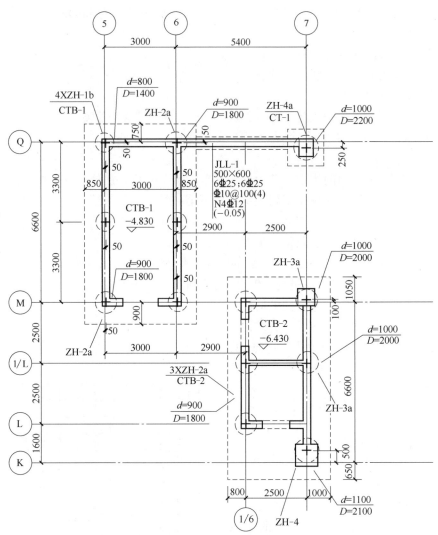

桩基础平面布置图(局部)

本图中 ▽ 为基础顶标高为－4.830

图 4-2-14　桩基础平面布置图

基础插筋长度＝h_1＋a＋墙柱底部非连接区高度

$$＝h_1＋a＋500(见\ 22G101\text{-}1\ P77)＝960＋150＋500$$

$$＝1610mm（剪力墙边缘构件纵向钢筋连接构造）$$

Φ16 钢筋根数 $N＝20$ 根，总长度＝$20×1610＝32200mm＝32.200m$

以上是计算竖向插筋的预算长度，若要计算下料长度，则要考虑 90°弯折的量度差，并要按照 22G101-1 P77 或 18G901-1 P72 的构造详图将钢筋错位 50%，一半的钢筋长度要增加 $35d＝35×16＝560mm$，总长度增加 $10×560＝5600mm$。

（2）箍筋计算

墙保护层厚度 $c＝15mm$（见 22G101-1 P57），Q1、Q2 水平分布筋为 Φ10@150，长肢箍筋为 Φ10@150，短肢及单肢箍筋为 Φ8@150，因此长肢箍筋保护层厚取 $c＝15mm$，短

承台配筋表

承台配筋表 混凝土C40，保护层厚度：顶、侧面50mm，地面100mm。	承台号	承台尺寸(mm) 长(a)×宽(b)	承台尺寸(mm) 高(h)	顶标高	混凝土强度等级	承台配筋 长向筋①	承台配筋 短向筋②	承台配筋 水平箍③
	CT-1	1500×1500	1100	−4.830	C40	Φ14@150	Φ14@150	Φ12@150
	CTB-1	见平面图	1100	−4.830	C40	Φ20@150	Φ20@150	封边水平钢筋 Φ12@150
	CTB-2	见平面图	1100	−4.830	C40	Φ20@150	Φ20@150	
	承台板封边构造见22G101-3 P93 封边构造b							

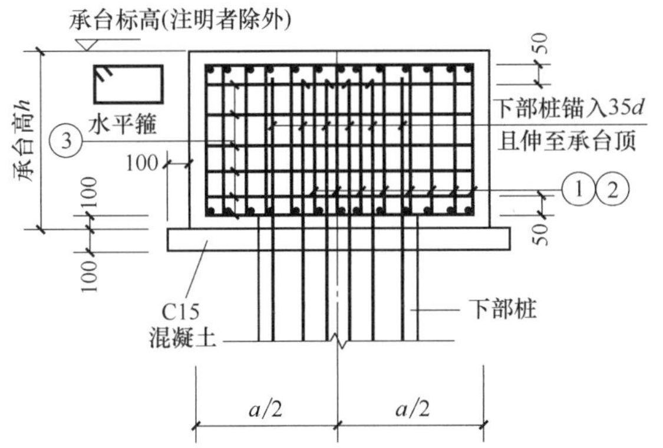

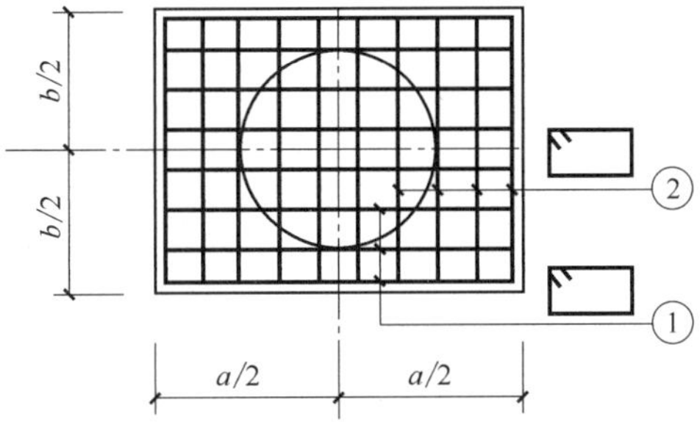

承台配筋大样

承台筋保护层厚50mm

承台底筋保护层厚100mm

图 4-2-15 承台配筋表

肢箍筋保护层厚取 $c=15+(10-8)=17$mm，单肢箍筋临空端保护层取 17mm，与墙相连一端取 15mm。

1）长向（边）大箍筋长度 $=[(b-2\times c-d)+(h-2\times c-d)]\times 2+2\times 12.9d$

$=[(300-2\times 15-10)+(1000-2\times 15-10)]\times 2+2\times 12.9\times 10$

$=(260+960)\times 2+2\times 12.9\times 10=2698$mm

2）短向（边）大箍筋长度 $=[(b-2\times c-d)+(h-2\times c-d)]\times 2+2\times 12.9d$

$=[(300-2\times 17-8)+(600-2\times 17-8)]\times 2+2\times 12.9\times 8$

$=(258+558)\times 2+2\times 12.9\times 8$

$=1838.4$mm，取 1839mm

基础内的箍筋个数 $=(h_1-100-4\times D_c)/500+1$

$=(960-100-4\times 16)/500+1=1.59+1=2.59$ 个，取 3 个（见图 2-2-2）

基础内不设复合箍筋（即小箍筋），基础内的箍筋主要是用来固定墙柱的竖向纵筋。

<table>
<tr><td colspan="8" align="center">剪力墙梁表</td></tr>
<tr>
<th>编号</th>
<th>所在楼层号</th>
<th>梁顶相对
标高高差(m)</th>
<th>梁截面
$b \times h$(mm)</th>
<th>上部纵筋</th>
<th>下部纵筋</th>
<th>箍筋</th>
<th>腰筋</th>
</tr>
<tr><td rowspan="4">LL1(2)</td><td>1</td><td>−2.170</td><td>300×500</td><td>3Φ16</td><td>3Φ16</td><td>Φ8@100(2)</td><td>2Φ10@150</td></tr>
<tr><td>1</td><td>+0.000</td><td>300×500</td><td>3Φ16</td><td>3Φ16</td><td>Φ8@100(2)</td><td>2Φ10@150</td></tr>
<tr><td>2～6</td><td>+0.000</td><td>300×1470</td><td>3Φ20</td><td>3Φ20</td><td>Φ8@100(2)</td><td>2Φ10@150</td></tr>
<tr><td>7～屋面</td><td>+0.000</td><td>200×1170</td><td>2Φ18</td><td>2Φ18</td><td>Φ8@100(2)</td><td>2Φ8@150</td></tr>
<tr><td rowspan="4">LL2(1)</td><td>2</td><td>−1.800</td><td>300×500</td><td>3Φ16</td><td>3Φ16</td><td>Φ8@100(2)</td><td>2Φ10@150</td></tr>
<tr><td>3～6</td><td>−1.800</td><td>300×500</td><td>3Φ16</td><td>3Φ16</td><td>Φ8@100(2)</td><td>2Φ10@150</td></tr>
<tr><td>7～屋面</td><td>−1.650</td><td>200×500</td><td>2Φ16</td><td>2Φ16</td><td>Φ8@100(2)</td><td>2Φ8@150</td></tr>
<tr><td>屋面</td><td>+0.000</td><td>200×500</td><td>2Φ16</td><td>2Φ16</td><td>Φ8@100(2)</td><td>2Φ8@150</td></tr>
<tr><td rowspan="3">LL3(2)</td><td>2</td><td>+0.000</td><td>300×870</td><td>3Φ18</td><td>3Φ18</td><td>Φ8@100(2)</td><td>2Φ10@150</td></tr>
<tr><td>3～6</td><td>+0.000</td><td>300×870</td><td>3Φ18</td><td>3Φ18</td><td>Φ8@100(2)</td><td>2Φ10@150</td></tr>
<tr><td>7～屋面</td><td>+0.000</td><td>200×570</td><td>2Φ18</td><td>2Φ18</td><td>Φ8@100(2)</td><td>2Φ8@150</td></tr>
<tr><td rowspan="3">LL4(1)</td><td>1</td><td>+0.000</td><td>300×2570</td><td>6Φ20 3/3</td><td>6Φ20 3/3</td><td>Φ10@100(2)</td><td>2Φ10@150</td></tr>
<tr><td>2～6</td><td>+0.000</td><td>300×1370</td><td>3Φ20</td><td>3Φ20</td><td>Φ8@100(2)</td><td>2Φ10@150</td></tr>
<tr><td>7～屋面</td><td>+0.000</td><td>200×1070</td><td>2Φ18</td><td>2Φ18</td><td>Φ8@100(2)</td><td>2Φ8@150</td></tr>
</table>

说明：
1.所有墙体水平筋均需外包暗柱。
2.所有墙体LL(连梁)腰筋均用墙水平筋连通，
不够数量的另加至设计数量。
3.抗震设防烈度为6度，剪力墙抗震等级为三级。

一～十二层墙梁配筋表

本图中 ▽ 为−0.030～41.070标高

剪力墙身表

<table>
<tr>
<th rowspan="3">墙肢
编号</th>
<th rowspan="3">标高(m)</th>
<th rowspan="3">墙厚
(mm)</th>
<th rowspan="3">类型号</th>
<th colspan="3">水平筋</th>
<th colspan="3">竖向筋</th>
<th rowspan="3">拉筋</th>
</tr>
<tr>
<th>外侧</th><th>中部</th><th>内侧</th><th>外侧</th><th>中部</th><th>内侧</th>
</tr>
<tr>
<th></th><th></th><th></th><th></th><th></th><th></th>
</tr>
<tr><td>Q1</td><td>−4.830～−0.030</td><td>300</td><td>类型1</td><td>Φ10@150</td><td>/</td><td>Φ10@150</td><td>Φ12@150</td><td>/</td><td>Φ12@150</td><td>Φ6@600×600</td></tr>
<tr><td rowspan="2">Q2</td><td>−4.830～17.970</td><td>300</td><td>类型1</td><td>Φ10@150</td><td>/</td><td>Φ10@150</td><td>Φ10@150</td><td>/</td><td>Φ10@150</td><td>Φ6@600×600</td></tr>
<tr><td>17.970～41.070</td><td>200</td><td>类型1</td><td>Φ8@150</td><td>/</td><td>Φ8@150</td><td>Φ10@200</td><td>/</td><td>Φ10@200</td><td>Φ6@600×600</td></tr>
<tr><td>Q3</td><td>−4.830～41.070</td><td>200</td><td>类型1</td><td>Φ8@150</td><td>/</td><td>Φ8@150</td><td>Φ10@200</td><td>/</td><td>Φ10@200</td><td>Φ6@600×600</td></tr>
</table>

注：剪力墙楼面标高处均设暗梁。

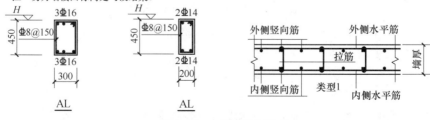

图 4-2-16 墙身及墙梁表

剪力墙柱表

编号	GBZ1	GBZ2	GBZ12	GBZ13	GBZ3
纵筋	14⊕14(14⊕16)	6⊕12(6⊕14)	8⊕12(8⊕14)	14⊕14(14⊕16)	16⊕14(16⊕16)
箍筋	⊕8@150	⊕8@150	⊕8@150	⊕8@150	⊕8@150
截面	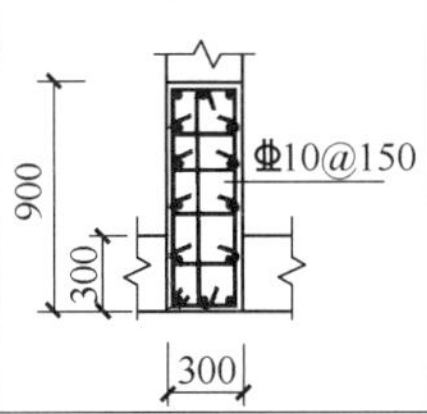	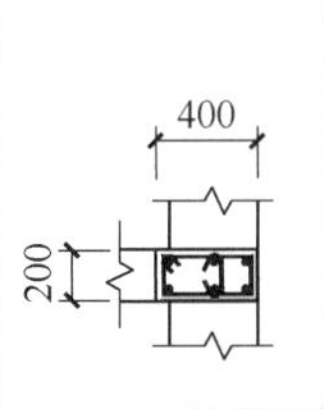	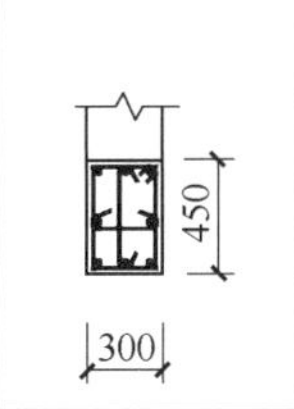	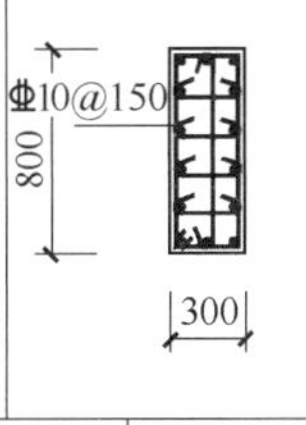	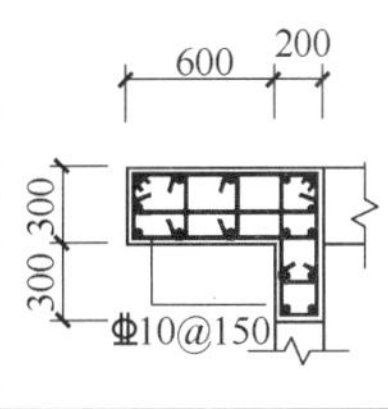

编号	GBZ5a	(GBZ5)GBZ4	GBZ6	GBZ11(GBZ10)
纵筋	18⊕14(18⊕16)	18⊕14(18⊕16)	18⊕14(18⊕16)	20⊕14(20⊕16)
箍筋	⊕8@150	⊕8@150	⊕8@150	⊕8@150
截面	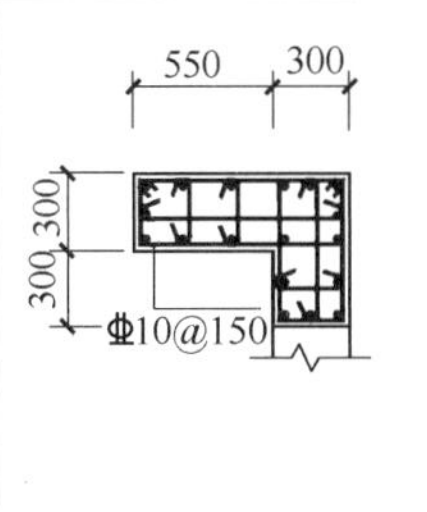	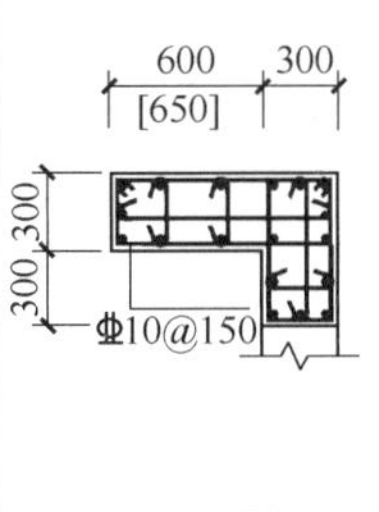	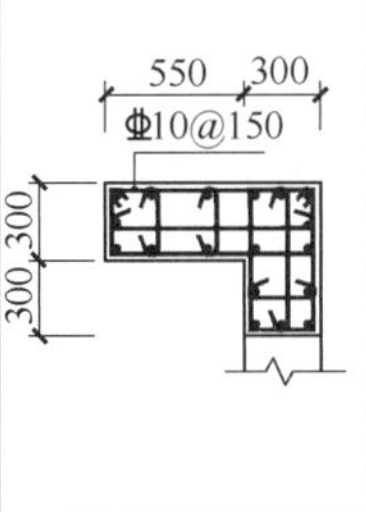	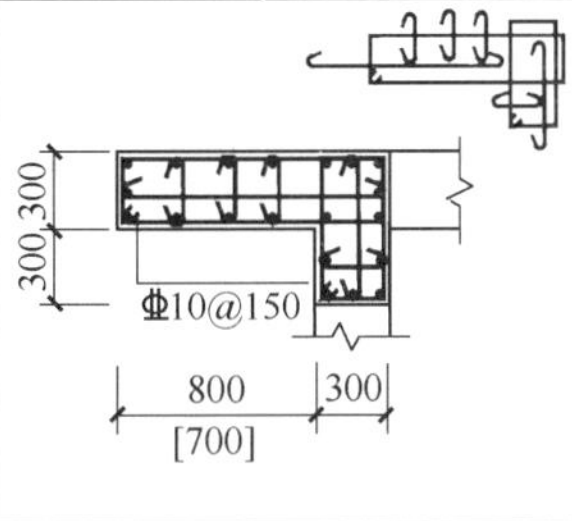

编号	GDZ1	GDZ2	GDZ3
纵筋			19⊕18
箍筋			⊕10@120
截面	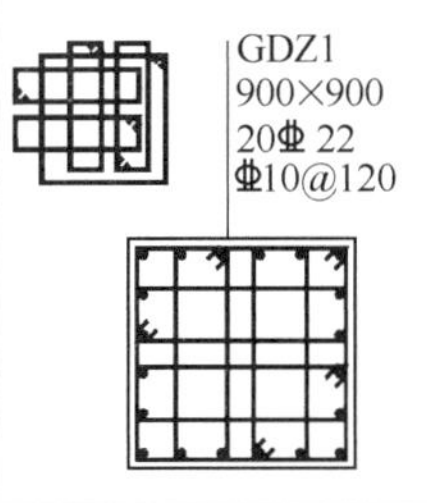	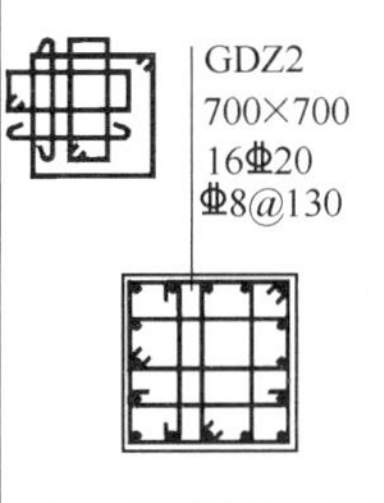	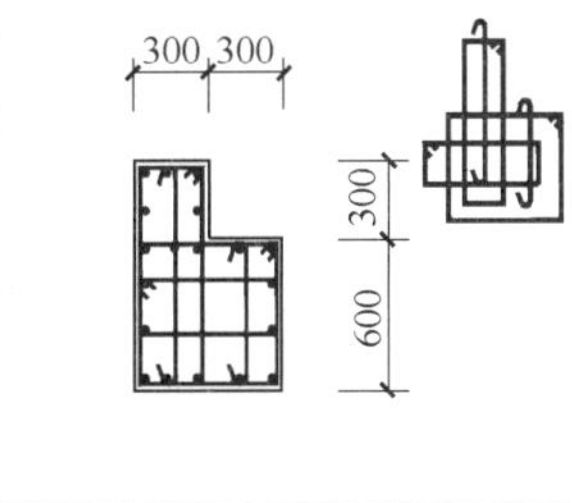

负一～五层剪力墙柱表

本图中▽为 -4.830 ～17.970 标高
(　)括号内的配筋用于 -4.830～7.170 标高

图 4-2-17　负一～五层剪力墙柱表

基础内箍筋总长度＝3×(2698＋1839)＝13611mm＝13.611m

2. 负一层钢筋计算 (-4.830～-0.030m 标高)

(1) 竖向纵筋长度＝层高－本层底部非连接区长度＋上一层非连接区长度

＝4800-500+500(见 22G101-1 P77)

＝4800mm＝4.8m

$\text{\Phi}$16 钢筋根数 $N=20$ 根，总长度 $=20\times4.8=96.0\text{m}$

（2）箍筋计算$\text{\Phi}$8@150（短）/$\text{\Phi}$10@150（长）

1）短向大箍筋长度同基础插筋处的箍筋 $=1839\text{mm}$

2）长向大箍筋长度同基础插筋处的箍筋 $=2698\text{mm}$

3）单肢箍筋长度计算

计算公式见式（2-2-12）

$$\begin{aligned}\text{GBZ10 短肢单肢短箍筋长度} &=(b-2\times c-d)+2\times12.9d\\&=(300-2\times17-8)+2\times12.9\times8=258+206.4\\&=464.4\text{mm，取 }465\text{mm}\end{aligned}$$

$$\begin{aligned}\text{GBZ10 短肢单肢长箍筋长度} &=(b-2\times c-d)+2\times12.9d\\&=(1000-2\times17-8)+2\times12.9\times8=958+206.4\\&=1164.4\text{mm，取 }1165\text{mm}\end{aligned}$$

$$\begin{aligned}\text{GBZ10 长肢单肢短箍筋长度} &=(b-2\times c-d)+2\times12.9d\\&=(300-2\times17-8)+2\times12.9\times8=258+206.4\\&=464.4\text{mm，取 }465\text{mm}\end{aligned}$$

$$\begin{aligned}\text{GBZ10 长肢单肢长箍筋长度} &=(b-2\times c-d)+2\times12.9d\\&=(600-2\times17-8)+2\times12.9\times8=558+206.4\\&=764.4\text{mm，取 }765\text{mm}\end{aligned}$$

4）箍筋个数

按式（4-2-6）计算

$$\begin{aligned}\text{箍筋个数} &=(\text{层高}-2\times50)/\text{箍筋间距}+1\\&=(4800-100)/150+1=32.33\text{ 个，取 }33\text{ 个}\end{aligned}$$

长、短向大箍筋各 33 个

短肢单肢长、短箍筋数各 33 个

长肢单肢长箍筋个数 $=33$ 个

长肢单肢短箍筋个数 $=3\times33=99$ 个

$\text{\Phi}$10 长向大箍筋总长度 $=33\times5138=169554\text{mm}=169.554\text{m}$

$\text{\Phi}$8 短向大箍筋总长度 $=33\times1839=60687\text{mm}=60.687\text{m}$

$\text{\Phi}$8 短肢单肢长箍筋总长度 $=33\times1165=38445\text{mm}=38.445\text{m}$

$\text{\Phi}$8 短肢单肢短箍筋总长度 $=33\times465=15345\text{mm}=15.345\text{m}$

$\text{\Phi}$8 长肢单肢长箍筋总长度 $=33\times765=25245\text{mm}=25.245\text{m}$

$\text{\Phi}$8 长肢单肢短箍筋总长度 $=99\times465=46035\text{mm}=46.035\text{m}$

【例 4-2-2】 计算图 4-2-1 中位于⑤轴的 Q2 基础插筋及负一层钢筋长度，图 4-2-14～图 4-2-18 为配套图纸。

查找已知条件：从图 4-2-14 中得知基础顶标高为 -4.830m，从图 4-2-15 中得知基础高度为 1100mm。

解：1. 基础插筋计算

（1）竖向分布筋计算

判断 Q2 插筋伸入基础内的长度

图 4-2-1 中⑤轴的 Q2 对应图 4-2-14 中的 CTB-1 及从图 4-2-15 中的基础列表中查到基础高度 $h_j=1100$mm，基础底筋保护层厚度为 100mm，双向底筋为 $\Phi 20@150$，混凝土强度等级为 C40。

查图 4-2-16 中墙身配筋列表，Q2 竖向分布筋 $\Phi 10@150$ 进入基础内的直线段长度。

$h_1=1100-100-2\times20=960$mm（查 22G101-3 P58 或 22G101-1 P58）

纵向钢筋抗震基本锚固长度 $l_{abE}=30d=30\times10=300mm<h_1$，直线长度取 h_1。

从图 4-2-14 中可看到基础承台外边至 Q2 外边为 450mm$>5d$，所以取 $\zeta_a=0.7$。

竖向纵筋抗震锚固长度 $l_{aE}=\zeta_a\times l_{abE}=0.7\times30d=0.7\times30\times10=210mm<h_1$，直线长度取 h_1。

所以竖向纵筋在基础内的弯折长度 a 取值按式（2-2-3）（或见 22G101-3 P65 图 a）

$a=\max(6d,150)=\max(6\times10,150)=\max(60,150)$，取 150mm

Q2 基础插筋长度按式（2-2-6）计算

竖向分布筋直径为 10mm，采用绑扎搭接接头，剪力墙抗震等级为三级，竖向分布筋可以在同一个截面上搭接，并且底部非连接区高度取零。

1）基础插筋长度$=h_1+a+$墙身底部非连接区高度$+$绑扎搭接长度

$$=h_1+a+0+1.2l_{aE}\text{（见 22G101-1 P77）}$$

$$=960+150+1.2\times30\times10=1470\text{mm}$$

2）竖向分布筋根数

按式（4-2-10）计算

竖向分布筋根数$=[(\text{墙段长}-\text{两端墙柱同方向长度})/\text{竖向分布筋间距}-1]\times2$

从图 4-2-1 中读取⑤轴线 Q2 墙段长$=6600+100+150=6850$mm，两端构造边缘构件为 GBZ6、GBZ10，在图 4-2-17 中查到两个暗柱在墙长方向的边长都为 600mm。

竖向分布筋根数$=[(6850-2\times600)/150-1]\times2=(5650/150-1)\times2=36.7\times2$，取 $37\times2=74$ 根

$N=74$ 根，总长度$=74\times1470=108780$mm$=108.780$m

（2）基础内水平分布筋计算$\Phi 10@150$

内侧水平筋长度按式（4-2-11）

内侧水平分布筋长度$=$墙长$-2\times c-2\times D_X-2\times D_c+2\times15d$

$$=6850-2\times15-2\times10-2\times16+2\times15\times10=6768+300$$

$$=7068\text{mm}$$

外侧水平筋长度按式（4-2-12b）

外侧水平分布筋长度$=$墙长$-2\times c+2\times0.8l_{aE}$

$$=6850-2\times15+2\times0.8\times30\times10=6820+480=7300\text{mm}$$

内、外侧水平筋根数$=(h_1-100-4\times D_c)/500+1$（见图 4-2-2）

$$=(960-100-4\times10)/500+1=820/500+1=2.6\text{，取 3 根}$$

内侧水平筋总长度$=3\times7068=21204$mm$=21.204$m

外侧水平筋总长度$=3\times7300=21900$mm$=21.900$m

（3）基础内水平分布筋的拉筋计算$\Phi 6@600$

拉筋长度按式（4-2-16）计算

拉筋长度=$(b_w-2\times c+d)+2\times135°$弯钩长度

$=(300-2\times15+6)+2\times2.9\times6+2\times5\times6=276+94.8$

$=370.8mm$，取$371mm$

按图4-2-2，每排水平分布筋的拉筋个数=$[(6850-2\times600)-2\times150]/600+1+2$

$=(5650-300)/600+3=8.9+3$

$=11.9$个，取12个

拉筋总长度=$3\times12\times371=13356mm=13.356m$

2. 负一层分布筋计算

（1）竖向分布筋计算

1）竖向分布筋长度$\oplus10@150$

按式（4-2-9）计算

竖向分布筋长度=层高+上一层绑扎搭接长度

$=4800+1.2\times l_{aE}=4800+1.2\times30\times10=5160mm$

2）竖向分布筋根数

竖向分布筋根数等于基础插筋的根数，$N=74$根

竖向分布筋总长度=$74\times5160=381840mm=381.840m$

（2）水平分布筋计算$\oplus10@150$

1）外侧水平分布筋长度

① 连梁高度范围内

连梁LL（2）高度范围内的外侧钢筋长度计算如下。

外侧水平分布筋长度=墙长$-2\times c+2\times0.8l_{aE}$

$=6850-2\times15+2\times0.8\times30\times10=6820+480=7300mm$

② 洞口范围内

洞口高度/层高=$3.8/4.8=0.79>50\%$，所以按图4-2-10端部暗柱墙外侧水平筋构造计算。

外侧水平分布筋长度=墙长$-2\times c+0.8l_{aE}+10d$

$=6850-2\times15+0.8\times30\times10+10\times10$

$=6820+240+100=7160mm$

门洞高度2130mm，连梁高度500mm，门洞上方有两根连梁，一根在一层楼面处（$-0.030m$标高），另一根在相对一层楼面$-2.17m$（$-2.200m$标高）处。

两根连梁之间的洞口高度为$2170-500=1670mm$。

内、外侧水平分布筋根数=（层高-2×50）/水平分布筋间距+1

$=(4800-100)/150+1=31.3+1=32.3$根，取33根

门洞高度范围内、外侧钢筋根数=$(2130-50)/150=13.9$根，取14根

连梁高度范围内、外侧钢筋根数=$[(500-50)/150+1]\times2=8$根，取8根

那么两个连梁高度之间的外侧钢筋根数=$33-14-8=11$根。

外侧水平分布筋总长度=$8\times7300+25\times7160=237400mm=237.4m$

2）内侧水平分布筋长度

① 连梁高度范围内

内侧水平分布筋长度同基础内的内侧水平筋长度＝7068mm

② 洞口范围内

内侧水平分布筋长度＝墙长－2×c－2×D_X－2×D_c＋15d＋10d

＝6850－2×15－2×10－2×16＋15×10＋10×10＝7018mm

内侧水平分布筋总长度＝8×7068＋25×7018＝231994mm＝231.994m

（3）拉筋计算Φ6@600×600

拉筋的保护层c＝15＋(10－6)＝19mm

拉筋长度＝(b－2×c－d)＋2×7.9d

＝(300－2×19－6)＋2×7.9×6＝256＋94.8＝350.8mm，取351mm

拉筋沿墙长方向的个数同基础内的拉筋个数＝12个

拉筋沿层高方向的个数＝(层高－2×50－2×水平筋间距)/s_X＋1

＝(4800－2×50－2×150)/600＋1＝8.3个，取9个

⑤轴上的Q2负一层中的拉筋个数＝12×9＝108个

拉筋总长度＝108×351＝37908mm＝37.908m

【例4-2-3】 计算图4-2-1中位于Q轴的Q1基础插筋及负一层钢筋长度，图4-2-14～图4-2-18为配套图纸。

查找已知条件：从图4-2-14中得知基础顶标高为－4.830m，从图4-2-15中得知基础高度为1100mm，基础梁高600mm，梁顶相对标高为H－0.050，板面标高H＝－4.830m，箍筋为Φ10@100(4)，上、下纵筋均6Φ25，基础梁保护层厚35mm。

解： 1.基础插筋计算

（1）竖向分布筋计算Φ12@150

从图4-2-1及图4-2-14中得知Q轴上Q1分为四段，其中左（墙身长1200mm）、左中（墙身长450mm）墙段位于CTB-1上，中右（墙身长1200mm）、右（墙身长1700mm）墙段位于JLL_1上。

判断Q1插筋伸入基础内的长度：

从图4-2-15中的基础列表中查到CTB-1基础高度h_j＝1100mm，基础底筋保护层厚度为100mm，双向底筋为Φ20@150，混凝土强度等级为C40。

查图4-2-16中墙身配筋列表，Q1竖向分布筋Φ12@150进入基础内的直线段长度：

1）JLL1(1)中（中右墙段墙身长1200mm，右墙段墙身长1700mm）

h_1＝梁高－保护层－纵筋直径－箍筋直径＝(600＋50)－35－25－10＝580mm（查22G101-3 P58或22G101-1 P58）

纵向钢筋抗震基本锚固长度l_{abE}＝30d＝30×12＝360mm＜h_1

从图4-2-14中可看到基础梁外边至Q1竖向分布筋外侧为100＋15＋10＝125mm＞5d＝5×12＝60mm，所以取ζ_a＝0.7

竖向纵筋抗震锚固长度l_{aE}＝ζ_a×l_{abE}＝0.7×30d＝0.7×30×12＝252mm＜h_1＝580mm

所以竖向纵筋在基础梁内的弯折长度a取值按式(2-2-3)（或见22G101-3 P66图一）

a＝max(6d,150)＝max(6×12,150)＝max(72,150)，取150mm

Q1基础插筋长度按式(2-2-6)计算

竖向分布筋直径为 12mm，采用绑扎搭接接头，剪力墙抗震等级为三级，竖向分布筋可以在同一个截面上搭接，并且底部非连接区高度取零，Q1 顶标高为 -0.030m。

① 基础插筋长度 = $h_1 + a$ + 墙身底部非连接区高度 + 绑扎搭接长度

$$= h_1 + a + 0 + 1.2l_{aE} \text{（见 22G101-1 P77）}$$
$$= 580 + 150 + 1.2 \times 30 \times 12 = 1162\text{mm}$$

② 竖向分布筋根数

按式（4-2-10）计算

竖向分布筋根数 = （墙段长/竖向分布筋间距 − 1）× 2

从图 4-2-1 中获取 Q 轴线 Q1 位于 JLL$_1$（1）上的右墙段长 = $2300 - 600 = 1700$mm，两端构造边缘构件为 GBZ13、GDZ3（两者尺寸见图 4-2-15），竖向分布筋根数 = （1700/150 − 1）× 2 = 10.3 × 2，取 11 × 2 = 22 根

Q1 位于 JLL1（1）上的中右墙段长 = 1200mm，两端构造边缘构件为 GBZ12、GBZ13（两者尺寸见图 4-2-15），竖向分布筋根数 = （1200/150 − 1）× 2 = 7 × 2 = 14 根

位于 JLL1（1）上的总根数 $N = 22 + 14 = 36$ 根，总长度 = 36 × 1162 = 41832mm = 41.832m

2）CTB-1 中

① 基础插筋长度 = $h_1 + a$ + 墙身底部非连接区高度 + 绑扎搭接长度

$$= h_1 + a + 0 + 1.2l_{aE} \text{（见 22G101-1 P77）}$$
$$= 960 + 150 + 1.2 \times 30 \times 12 = 1542\text{mm}（h_1 \text{ 的计算同【例 4-2-2】}）$$

② 竖向分布筋根数

竖向分布筋根数 = （墙段长/竖向分布筋间距 − 1）× 2

从图 4-2-1 中获取 Q 轴线 Q1 位于 CTB-1 上的左墙段长 = 1200mm，两端构造边缘构件为 GBZ10、GBZ11（两者尺寸见图 4-2-16），竖向分布筋根数 = （1200/150 − 1）× 2 = 7 × 2 = 14 根，Q1 位于 JCRB-1 上的左中墙段长 = $1100 - 200 - 450 = 450$mm，两端构造边缘构件为 GBZ11、GBZ12（两者尺寸见图 4-2-16），竖向分布筋根数 = （450/150 − 1）× 2 = 2 × 2 = 4 根

位于 CTB-1 上的总根数 $N = 14 + 4 = 18$ 根，总长度 = 18 × 1542 = 27756mm = 27.756m。

（2）基础内水平分布筋计算 Φ10@150

平齐墙边的端柱边长 − $(c + d_c + D_c)$ = $600 - 20 - 10 - 18 = 552$mm > $l_{aE} = 30 \times 10$
$$= 300\text{mm}$$

内侧水平分布筋长度 = 墙长 − $(c + D_X + D_c)$ + 15d + 端柱端直锚（柱边长 − $c - d_c - D_c$）

$$= 墙长 − (c + D_X + D_c) + 15d + （柱边长 − c − d_c − D_c）$$
$$= (100 + 3000 + 5400 - 300) - (15 + 10 + 16) + 15 \times 10 + (600 - 20 - 10 - 18)$$
$$= 8200 - 41 + 150 + (600 - 48) = 8861\text{mm}$$

如按 18G901-1 P73 转角三构造，外侧水平钢筋放在暗柱纵筋的内边计算：

则外侧水平分布筋长度 = 墙长 − $(c + D_X + D_c)$ + 0.8l_{aE} + 端柱端弯锚（柱边长 − $c - d_c - D_c + 15d$）

$$= 8200 - (15 + 10 + 16) + 0.8 \times 30 \times 10 + (600 - 20 - 10 - 18 + 15 \times 10)$$
$$= 8159 + 0.8 \times 300 + 702 = 9101\text{mm}$$

如按 22G101-1 P75 转角三构造，外侧水平钢筋放在暗柱纵筋的外边计算：

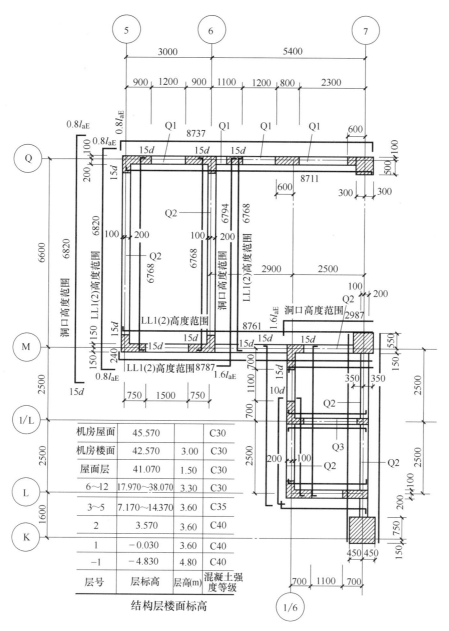

负一层墙水平分布筋大样图(局部)

本图中 ▽ 为基础顶～-0.030标高
剪力墙抗震等级三级

图 4-2-18　负一层墙水平分布筋大样图

则外侧水平分布筋长度=墙长$-c+0.8l_{aE}$+端柱端弯锚(柱边长$-c-d_c-D_c+15d$)

$$=8200-15+0.8\times30\times10+(600-20-10-18+15\times10)$$

$$=8185+0.8\times300+702=9127\text{mm}$$

两种算法皆可，预算人员可自行选择。

CTB-1 中内、外侧水平筋根数＝$(h_1-100-4\times D_c)/500+1$（见图 4-2-2）

$$=(960-100-4\times10)/500+1=820/500+1$$

$$=2.64，取 3 根$$

JLL（1）中内、外侧水平筋根数＝$(h_1-100-4\times D_c)/500+1$（见图 4-2-3）

$$=(580-100-4\times10)/500+1=440/500+1$$

$$=1.88 根，取 2 根$$

1）梁高范围内：

内侧水平筋总长度＝$2\times9101=18202mm=18.202m$

外侧水平筋总长度＝$2\times9127=18254mm=18.254m$

2）超出梁高范围的 CTB-1 中另加一排：

内侧水平筋总长度＝$100+3000+850-15-10-16+15\times10=4059mm$

外侧水平筋总长度＝$100+3000+850-15+0.8\times30\times10=4175mm$

（3）基础内水平分布筋的拉筋计算 $\Phi6@600$

拉筋长度按式（4-16）计算

拉筋长度＝$(b_w-2\times c+d)+2\times135°$弯钩长度

$$=(300-2\times15+6)+2\times2.9\times6+2\times5\times6=276+94.8$$

$$=370.8mm，取 371mm$$

按图 4-2-2，边缘构件内只配有大的矩形箍筋，没配拉筋，考虑水平分布筋穿过边缘构件时要设拉筋，间距 600mm，因此按墙长整体计算。

上面两排每排水平分布筋的拉筋个数＝$(3000+5400)/600+1=15$ 个

最下面一排水平分布筋的拉筋个数＝$(3000+850-40)/600+1=7.35$ 个，取 8 个

拉筋总长度＝$(2\times15+8)\times371=14098mm=14.098m$

2. 负一层分布筋计算

（1）竖向分布筋计算

1）竖向分布筋长度 $\Phi12@150$

四段墙中左、中右、右的顶标高为：$-0.030m$；左中段 Q1（墙身长 450mm）在一层处变为 Q2。

左、中右、右段 Q1 按式（4-2-20）计算（见图 4-2-20 或 22G101-1 P77、18G901-1 P76）

竖向分布筋长度＝层高－本层非连接区高度＋$12d$（弯折长度）

$$=4800-50+12\times12=4894mm$$

左中段 Q1 的竖向分布筋长度＝层高－本层非连接区高度＋上层搭接长度 $1.2l_{aE}$

$$=4800-0+1.2\times30\times10（较小直径）$$

$$=5160mm$$

2）竖向分布筋根数

左、中右、右段 Q1 竖向分布筋根数同基础插筋的根数 $N=36+18=54$ 根

左中段 Q1 的竖向分布筋根数 $N=4$ 根

左、中右、右段 Q1 竖向分布筋总长度＝$54\times4894=264276mm=264.276m$

左中段 Q1 的竖向分布筋总长度＝$4\times5160=20640mm=20.64m$

（2）水平分布筋计算 $\Phi10@150$

1）水平分布筋长度

内侧水平分布筋长度同基础内的内侧水平筋长度＝9101mm

外侧水平分布筋长度同基础内的内侧水平筋长度＝9127mm

2）水平分布筋根数

内、外侧水平分布筋根数＝（层高－2×50）/水平分布筋间距＋1

$$=（4800-100）/150+1=31.3+1=32.3 根，取 33 根$$

内侧水平筋总长度＝33×9101＝300333mm＝300.333m

外侧水平筋总长度＝33×9127＝301191mm＝301.191m

（3）拉筋计算 Φ6@600×600，拉筋的保护层 $c=15+（10-6）=19$mm

拉筋长度＝$(b-2×c-d)+2×7.9d$

$$=（300-2×19-6）+2×7.9×6=256+94.8=350.8mm，取 351mm$$

（4）拉筋沿墙长方向的个数

Q 轴 4 个墙段水平分布筋的拉筋个数

$$=[(1200-2×150)/600+1]×2+[(450-2×150)/600+1]+[(1700-2×150)/600+1]$$

$$=(1.5+1)×2+(0.25+1)+(2.33+1)$$

向上取整再计算取 $(2+1)×2+(1+1)+(3+1)=12$

边缘构件配有拉筋，考虑水平分布筋穿过边缘构件是利用暗柱拉筋拉住水平筋，因此在边缘构件内部另外设置拉筋。

拉筋沿层高方向的个数＝（层高－2×50－2×水平筋间距）/s_X＋1

$$=（4800-2×50-2×150）/600+1=8.3 个，取 9 个$$

Q 轴上的 Q1 负一层中的拉筋个数＝12×9＝108 个

拉筋总长度＝108×351＝37908mm＝37.908m

负一层墙身水平筋的大样见图 4-2-18，图中未完成的内容，请各位同学予以完成。

3. 相邻两层墙变截面时的钢筋长度计算

（1）竖向钢筋长度计算

1）相邻两层端柱变截面竖向纵筋长度计算

端柱的构造做法同框架柱，其计算方法同框架柱。

2）相邻两层墙变截面竖向纵筋长度计算

① 上层墙（或暗柱）截面每边对称的缩减

施工的顺序是将上柱的钢筋先按图 4-2-19a（见 18G901-1 P76）从本层楼面插入到下一层墙（或暗柱）中锚固 $1.2l_{aE}$，并伸出楼面一个非连接区高度和搭接长度，然后按常规方法连接纵向钢筋。因此纵向钢筋长度的计算按下列步骤计算：

a. 插筋长度计算

插筋长度＝中间层墙（或暗柱）底部非连接区高度＋绑扎搭接长度＋$1.2l_{aE}$

（4-2-18）

b. 上层墙（或暗柱）竖向钢筋长度按式（4-2-5）计算

c. 下层墙（或暗柱）竖向钢筋长度计算

竖向纵筋长度＝（下一层层高－50）－下部非连接区高度＋12d （4-2-19）

② 上层墙（或暗柱）平一边缩减

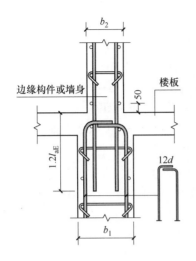

图 4-2-19a 对称变截面配筋构造

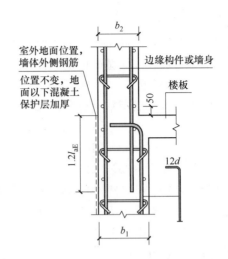

图 4-2-19b 平一边变截面配筋构造

施工的顺序是将上层墙（或暗柱）的钢筋先按、图 4-2-19b（见 18G901-1 P76）插入到下一层墙（或暗柱）中锚固 $1.2l_{aE}$，并伸出楼面一个非连接区高度和搭接长度，然后按常规方法连接纵向钢筋。因此下层墙（或暗柱）变截面一边竖向钢筋长度按式（4-2-18）、式（4-2-19）计算；平齐一边的竖向纵筋分下列两种计算：

a. 变截面平齐一边竖向纵筋上、下层钢筋大小相同

这种情况与常规计算方法相同，计算见式（4-2-5）

b. 变截面平齐一边竖向纵筋上、下层钢筋大小不同

按变截面一边的钢筋计算方法计算竖向纵筋，即按式（4-2-18）、式（4-2-19）、式（4-2-5）计算竖向纵筋。

（2）墙（或暗柱）水平分布筋（或箍筋）及拉筋长度计算

1）墙水平分布筋长度计算见式（4-2-11）～式（4-2-15）

2）拉筋计算见式（4-2-16）、式（4-2-17）

3）暗柱箍筋长度计算同前所述。

4. 顶层墙钢筋长度计算

（1）竖向纵筋长度计算

1）顶层端柱竖向纵筋长度计算

顶层边、中端柱的构造做法同框架柱，其计算方法混凝土框架柱。

2）顶层墙竖向纵筋长度计算

顶层墙身、暗柱

顶层墙身、暗柱竖向纵筋在屋面板内的锚固构造要求相同，见图 4-2-20，其计算式统一表达：

$$竖向纵筋长度＝（顶层层高－50）－$$
$$下部非连接区高度＋12d \quad (4-2-20)$$

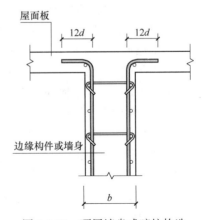

图 4-2-20 顶层墙身或暗柱构造

（2）墙身、暗柱其他钢筋

墙身水平分布筋、拉筋，暗柱箍筋等钢筋计算方法同楼层。

【**例 4-2-4**】　计算图 4-2-23 中位于⑤轴的 Q2，六、十二层及五层竖向纵筋长度，图 4-2-21～图 4-2-24 为配套图纸。

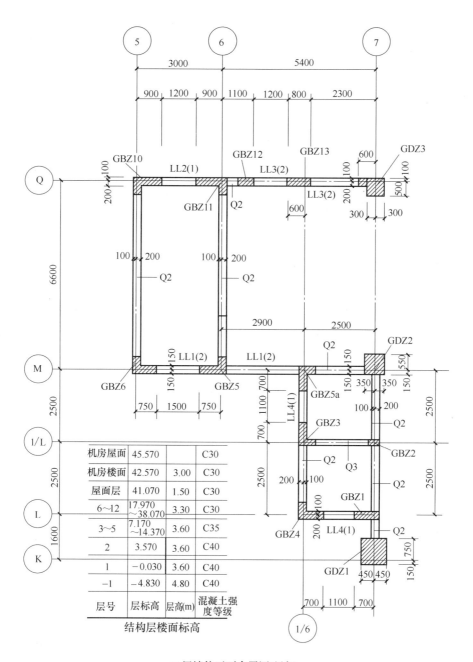

层号	层标高	层高(m)	混凝土强度等级
机房屋面	45.570		C30
机房楼面	42.570	3.00	C30
屋面层	41.070	1.50	C30
6~12	17.970~38.070	3.30	C30
3~5	7.170~14.370	3.60	C35
2	3.570	3.60	C40
1	−0.030	3.60	C40
−1	−4.830	4.80	C40

结构层楼面标高

一、二层墙柱平面布置图(局部)

本图中 ▽ 为 −0.030～7.170 标高
剪力墙抗震等级三级

图 4-2-21　一、二层墙柱平面布置图

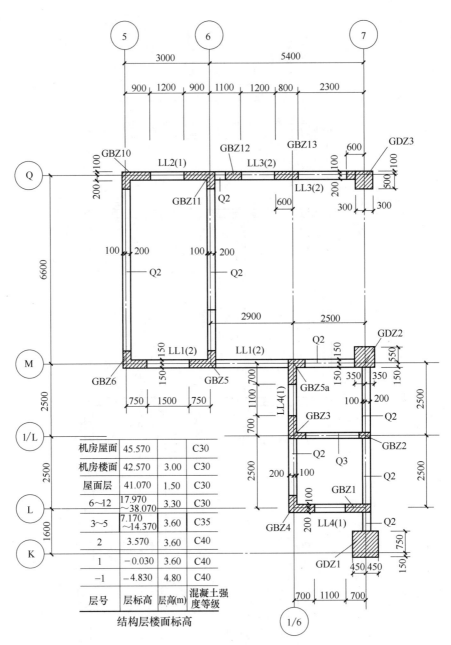

图 4-2-22 三～五层墙水平分布筋大样图

本图中▽为 7.170～17.970 标高剪力墙抗震等级三级

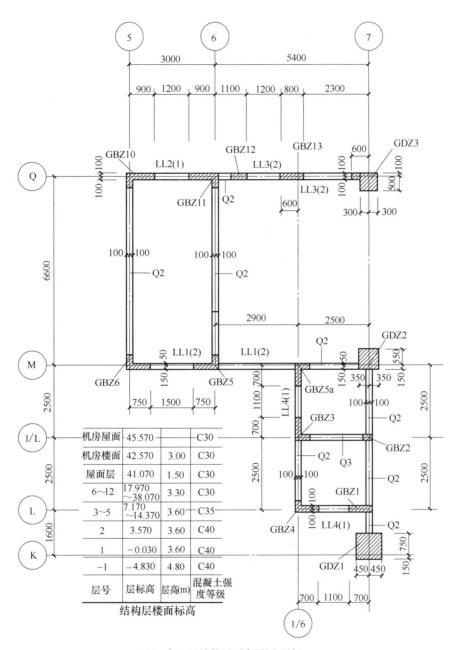

六～十二层墙柱平面布置图(局部)

本图中 ▽ 为17.970～41.070标高
剪力墙抗震等级三级

图 4-2-23 六～十二层墙柱平面布置图

剪力墙柱表

编号	GBZ1	GBZ2	GBZ12	GBZ13	GBZ3
纵筋	12Φ12	6Φ12	6Φ12	12Φ14	14Φ12
箍筋	Φ8@150	Φ6@150	Φ6@150	Φ8@150	Φ8@150
截面	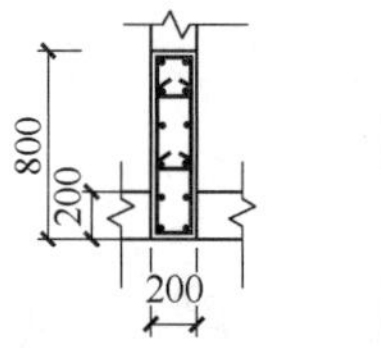	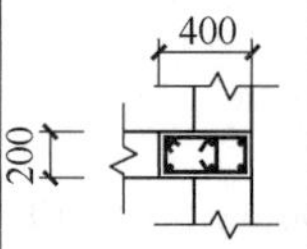		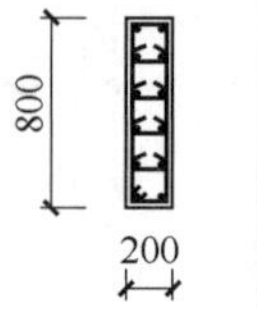	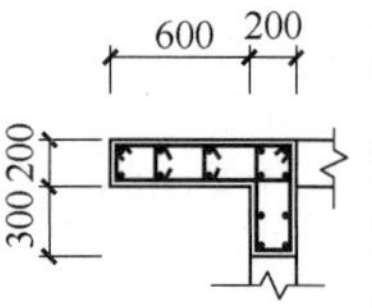

编号	GBZ5a	(GBZ5) GBZ4	GBZ6	GBZ11 GBZ10
纵筋	14Φ12	14Φ12	14Φ14	16Φ14
箍筋	Φ8@150	Φ8@150	Φ8@150	Φ8@150
截面	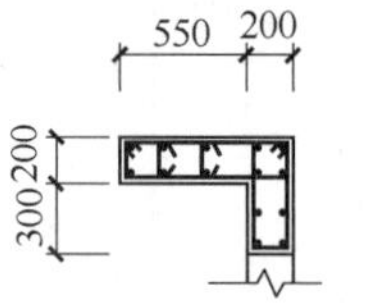	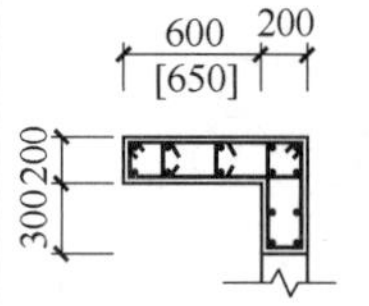	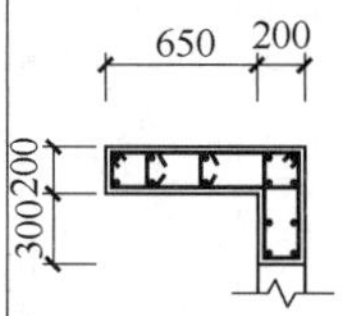	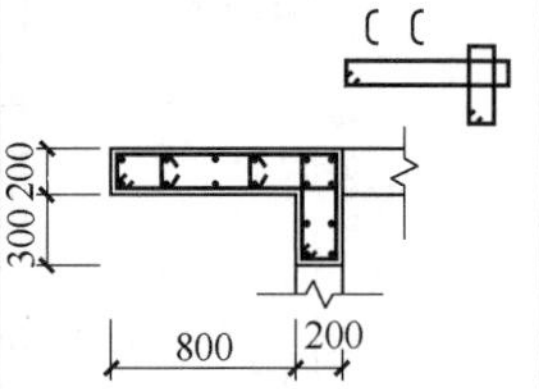

编号				GDZ3
纵筋				16Φ18
箍筋				Φ8@120
截面	GDZ1 900×900 20Φ22 Φ10@150	GDZ2 700×700 16Φ20 Φ8@150		

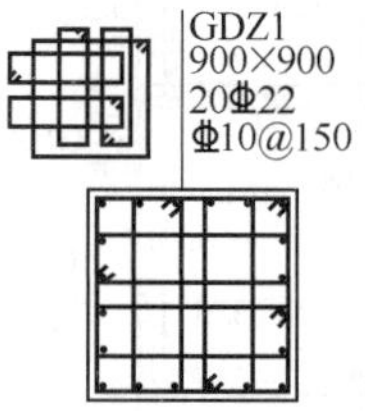

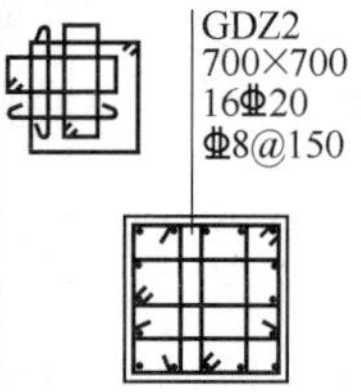

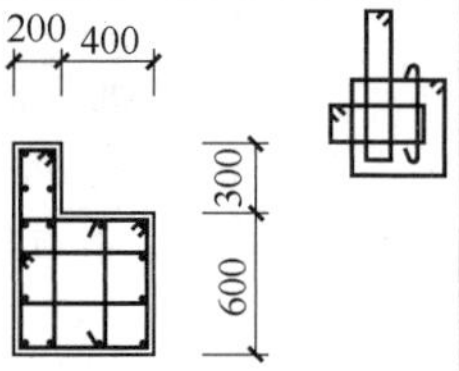

六～十二层剪力墙柱表

本图中▽为17.970～41.070标高

图 4-2-24　六～十二层剪力墙柱表

查找已知条件：结合图 4-2-22、图 4-2-23 及图 4-2-16 墙 Q_2 在六层楼面标高 (17.970m) 变截面（由 300mm 厚变为 200mm，且外边平齐），竖向纵筋由 Φ10@150 变为 Φ10@200。

解：1. 五层墙身竖向纵筋长度计算

五层竖向纵筋按图 4-2-19b 所示配筋构造计算，但因六层竖向纵筋与五层不同，计算时按图 4-2-19a 计算（即按式（4-2-19）计算五层竖向纵筋）

平齐一边竖向纵筋长度＝层高－下部非连接区高度＋搭接长度 $1.2l_{aE}$

$$= 3600 - 0 + 1.2 \times 37d = 3600 + 1.2 \times 37 \times 12 = 4132.8\text{mm}$$

$$=4.1328m$$

变截面一边竖向纵筋长度=(五层层高-50)-下部非连接区高度+12d

$$=(3600-50)-0+12\times10=3550+120=3670mm=3.670m$$

竖向纵筋根数同【例4-2-2】的计算结果，每边$N=37$根

竖向纵筋总长度=$37\times4132.8+37\times3670=288703.6mm\approx288.704m$

2. 六层墙身竖向纵筋长度计算

（1）插筋长度计算［按式（4-2-18）计算］

五层混凝土强度C35，$l_{aE(五层)}=34d$；六层混凝土强度C30，$l_{aE(六层)}=37d$

插筋长度=中间层墙底部非连接区高度+绑扎搭接长度+1.2l_{aE}

$$=0+1.2l_{aE(六层)}+1.2l_{aE(五层)}=1.2\times37\times10+1.2\times34\times10=444+408$$

$$=852mm$$

⑤轴插筋根数=［(6600-350-400)/200-1］×2=28.25×2，取29×2=58根

插筋总长度=$58\times852=49416mm=49.416m$

（2）竖向纵筋长度计算［按式（4-2-9）计算］

竖向纵筋长度=层高-本层底部非连接区高度+上一层底部非连接区高度+上一层绑

扎搭接长度

$$=3300-0+0+1.2l_{aE}=3300+1.2\times37\times10=3744mm$$

竖向纵筋总长度=$58\times3744=217152mm=217.152m$

3. 十二层（顶层）墙身竖向纵筋长度计算［按式（4-2-20）计算］

竖向纵筋长度=(顶层层高-50)-下部非连接区高度+12d

$$=(3300-50)-0+12\times10=3370mm$$

竖向纵筋总长度=$58\times3370=195460mm=195.460m$

（二）剪力墙墙梁的钢筋量计算

1. 剪力墙中暗梁（AL）的钢筋量计算

（1）暗梁纵向钢筋长度计算

在框架-剪力墙结构中，剪力墙两端设置有边缘构件——端柱时，剪力墙必须在楼、屋面标高处设置暗梁与端柱相连，但也有在剪力墙中设置暗梁与边缘构件——暗柱相连的，如本节中的局部施工图。

按照暗梁是墙体的一部分的构造原则确定纵筋在暗柱、端柱内的锚固长度。

$$纵向钢筋长度=墙身长+左、右锚固长度 \qquad (4-2-21)$$

暗梁在暗柱、端柱中的锚固长度按如下情况计算：

1）边缘构件为暗柱

位于楼层、顶层的暗梁纵向钢筋在暗柱内的锚固构造相同，分直锚、弯锚。

判别直锚的条件：边缘构件平行墙身方向长度$-c-D_X-D_c\geqslant l_{aE}(l_a)$，可直锚，否则须弯锚。

直锚时：锚固长度=边缘构件平行墙身方向的长度$-c-D_X-D_c$ （4-2-21a）

弯锚时：锚固长度=边缘构件平行墙身方向的长度$-c-D_X-D_c+15d$ （4-2-21b）

2）边缘构件为端柱

楼层暗梁、顶层暗梁在端柱内的锚固构造各不相同，见图4-2-25、图4-2-26。

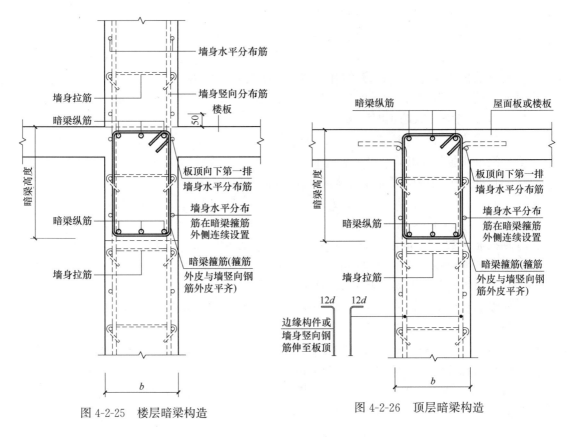

图 4-2-25　楼层暗梁构造　　　　图 4-2-26　顶层暗梁构造

① 楼层暗梁在端柱内的锚固

判别直锚的条件：端柱平行墙身方向边长$-c-d_c-D_c\geq l_{aE}$（l_a），可直锚，否则须弯锚。

直锚时：锚固长度＝端柱平行墙身方向边长$-c-d_c-D_c$　　　　　　　（4-2-21c）

弯锚时：锚固长度＝端柱平行墙身方向边长$-c-d_c-D_c+15d$　　　　（4-2-21d）

② 顶层暗梁在端柱内的锚固（见 18G901-1 P98）

底部纵向钢筋锚固长度计算同式（4-2-21c）、式（4-2-21d）

顶部纵向钢筋在端柱内的锚固同框架结构顶层边柱节点构造即梁内搭接或柱内搭接两种做法。

梁内搭接：锚固长度＝端柱平行墙身方向边长$-c-d_c-D_c+h_w-c-d_b$　　（4-2-21e）

柱内搭接：锚固长度＝端柱平行墙身方向边长$-c-d_c-D_c+1.7l_{abE}$　　（4-2-21f）

（2）暗梁箍筋长度计算

按照暗梁箍筋的外皮与墙身竖向分布筋外皮平齐的规定计算暗梁箍筋的长度，箍筋的排布范围距边缘构件 50mm、与楼层连梁相连一端距离门窗洞口 100mm、与顶层连梁相连一端设置与连梁箍筋位置相连处（见 18G901-1 P94）。

1）箍筋长度计算

箍筋长度＝$[(b_w-2\times c-2\times D_X-d)+(h_w-2\times c-d)]\times 2+2\times 135°$弯钩长度

（4-2-22）

式中 b_w——墙厚（暗梁宽）；

c——保护层厚度；

D_X——墙身水平分布筋；

d——暗梁箍筋直径；

h_w——暗梁高。

2）箍筋个数计算

① 墙端部未设端柱（暗柱内不设箍筋）

在这种情况一般不设暗梁，当图纸中设有暗梁时，暗柱内不设箍筋（屋面洞口边的暗柱除外），距离暗柱边 50mm 设第一根箍筋。

a. 墙无门窗洞口

$$箍筋个数=（墙身长-2×50）/箍筋间距+1 \quad (4-2-23)$$

b. 楼层墙有门窗洞口，暗梁纵筋与连梁纵筋搭接 l_{lE}（l_l）

$$箍筋个数=（墙身长-50+洞口边暗柱平行墙身方向的长度-100）/箍筋间距+1$$
$$(4-2-24)$$

计算依据参见 18G901-1 P94。

c. 顶层墙有门窗洞口，暗梁纵筋与连梁纵筋搭接 l_{lE}

$$箍筋个数=[墙身长-50-\max(l_{aE},600)]/箍筋间距 \quad (4-2-25)$$

计算依据参见 18G901-1 P94。

② 墙端部设有端柱

a. 墙无门窗洞口

$$箍筋个数=（墙长-2×50）/箍筋间距+1 \quad (4-2-26)$$

公式中的墙长不包括端柱尺寸。

b. 楼层墙有门窗洞口，暗梁纵筋与连梁纵筋搭接 l_{lE}

在暗梁长度范围内均设箍筋（与连梁重叠处除外），端柱内不设箍筋。箍筋距离洞口边 100mm 设第一根箍筋，距离端柱内边 50mm 设第一根箍筋。

$$箍筋个数=（墙长-50+洞口边暗柱平行墙身方向的长度-100）/箍筋间距+1$$
$$(4-2-27)$$

公式中的墙长不包括端柱尺寸，计算依据见 18G901-1 P94。

c. 顶层墙有门窗洞口，暗梁纵筋与连梁纵筋搭接 l_{lE}（l_l）

$$箍筋个数=[墙长-50-\max(l_{aE},600)]/箍筋间距 \quad (4-2-28)$$

公式中的墙长不包括端柱尺寸。计算依据见 18G901-1 P94。

【例 4-2-5】 计算【例 4-2-2】中 Q_2 在⑤轴一层楼面处的暗梁钢筋。

查找已知条件：从图 4-2-1、图 4-2-15、图 4-2-16 中得知墙身长为 $6600-500-450=5650mm$，暗梁宽 $b_w=300mm$，暗梁高 $h_w=450mm$，上、下各配 $3\Phi16$ 纵筋，箍筋 $\Phi8@150$。墙两端边缘构件分别为 GBZ6、GBZ10。

解：

1. 计算纵向钢筋长度

判别是否直锚，按式（4-2-21a）锚固长度 $=600-15-10-16=559mm>l_{aE}=30d=30×16=480mm$，可直锚。

按式 (4-2-21) 纵向钢筋长度＝墙身长＋左、右锚固长度

$$= (6600-500-450)+2×(600-15-10-16)$$
$$= 5650+1118=6768mm$$

暗梁钢筋总长度＝6×6768＝40608mm＝40.608m

2. 计算箍筋长度

按式 (4-2-22)

箍筋长度＝$[(b_w-2×c-2×D_X-d)+(h_w-2×c-d)]×2+2×135°$弯钩长度
$$= [(300-2×15-2×10-8)+(450-2×15-8)]×2+2×12.9×8$$
$$= (242+412)×2+206.4=1514.4mm，取1515mm$$

按式 (4-2-23)

箍筋个数＝(墙身长－2×50)/箍筋间距＋1＝(5650－2×50)/150＋1＝38 个

箍筋总长度＝38×1515＝57570mm＝57.570m

2. 剪力墙中连梁（LL）的钢筋量计算

(1) 连梁纵向钢筋长度计算

在框架-剪力墙、剪力墙、筒体结构的高层建筑中，设计人员往往会根据建筑功能的要求，在剪力墙的外墙开设窗洞，在楼、电梯间的剪力墙上开设门窗洞口，因此在剪力墙上、下洞口间形成了连接洞口之间墙体的梁，这种梁成为连梁。连梁构造见图 4-2-27～图 4-2-31，连梁腰筋放置在箍筋的外侧，腰筋一般由墙体水平分布筋替代，具体见实际施工图。

$$纵向钢筋长度＝墙洞口宽＋左、右锚固长度 \qquad (4-2-29)$$

连梁锚固长度按如下情况计算：

洞口边缘不论是否设有边缘构件—暗柱，连梁纵筋锚固要求在楼层、顶层均相同。

判别直锚的条件：边缘构件平行连梁方向长度$-c-d_X-D_c ≥ l_{aE}$，可直锚，否则须弯锚。

直锚时：锚固长度＝$\max(l_{aE},600)$ \qquad (4-2-29a)

弯锚时：锚固长度＝边缘构件平行墙身方向的长度$-c-d_X-D_c+15d$ \qquad (4-2-29b)

式中　d——边缘构件水平分布筋直径；

　　　D_c——边缘构件竖向钢筋直径。

(2) 连梁箍筋长度计算

按照连梁箍筋的外皮与墙身竖向分布筋外皮平齐的规定计算连梁箍筋的长度，箍筋的排布范围距边缘构件 50mm，屋面处连梁在锚固长度范围内还要设置箍筋，距离门窗洞口 100mm 起设（见 18G901-1 P88）；顶层连梁与暗梁重叠时，暗梁箍筋紧接连梁箍筋设置（见 18G901-1 P94）。

1) 箍筋长度计算

$$箍筋长度＝[(b-2c-2D_X-d)+(h-2c-d)]×2+2×135°弯钩长度 \qquad (4-2-30)$$

式中　D_X——墙身水平分布筋直径。

2) 箍筋个数计算

① 楼层连梁

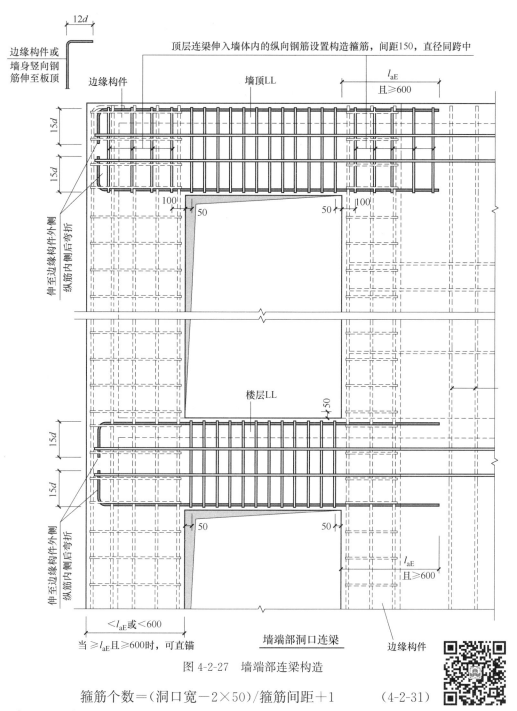

图 4-2-27　墙端部连梁构造

$$箍筋个数＝（洞口宽－2×50）/箍筋间距＋1 \qquad (4\text{-}2\text{-}31)$$

② 顶层连梁

$$箍筋个数＝[（洞口宽－2×50）/箍筋间距＋1]＋[（锚固的水平段长－100）/$$
$$箍筋间距＋1]×2 \qquad\qquad (4\text{-}2\text{-}32)$$

计算依据见 18G901-1 P88。

（3）连梁拉筋长度计算

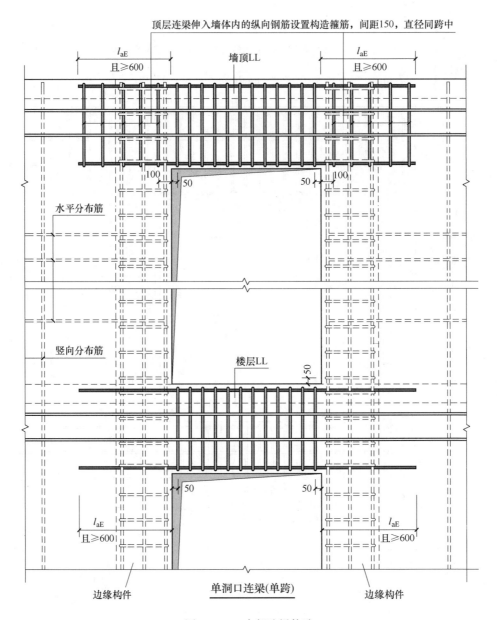

图 4-2-28　中部连梁构造

连梁拉筋构造与框架梁构造相同，其长度计算公式与墙身分布钢筋的拉筋计算式 (4-2-16) 相同，水平间距为箍筋间距的 2 倍，

$$拉筋长度=(b_w-2\times c-d)+2\times135°弯钩长度 \tag{4-2-33}$$

式中　b_w——墙厚。

$$拉筋水平分布个数=(洞口宽-2\times500)/拉筋间距+1 \tag{4-2-34}$$

拉筋侧面分布个数要根据腰筋数量确定，连梁拉筋最终的个数是两个方向拉筋个数的乘积。

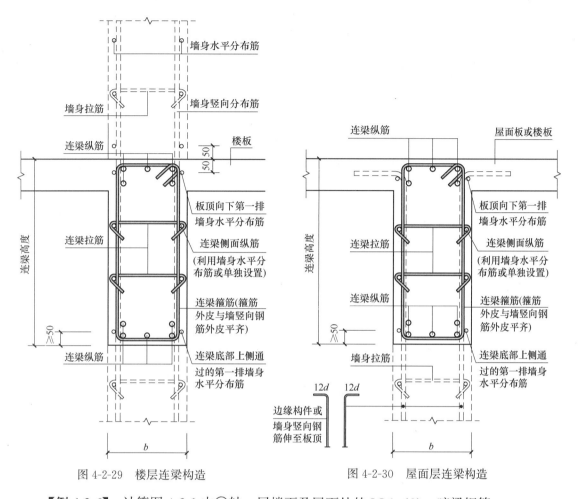

图 4-2-29　楼层连梁构造　　　　　图 4-2-30　屋面层连梁构造

【例 4-2-6】 计算图 4-2-1 中Ⓜ轴一层楼面及屋面处的 LL1（2）、暗梁钢筋。

查找已知条件：从图 4-2-1、图 4-2-16 中得知Ⓜ轴一层洞口宽分别为 1500mm、2500mm，LL1（2）暗梁宽 $b_w=300$mm，暗梁高 $h_w=450$mm，上、下各配 3⏀16 纵筋，箍筋⏀8@150；LL1（2）梁宽 $b=300$mm，梁高 $h=500$mm，上、下各配 3⏀16 纵筋箍筋 ⏀8@100。墙洞口边缘构件分别为 GBZ6、GBZ5、GBZ5a，墙端头设有 GDZ2。

解： 1. 一层钢筋长度计算

判别是否直锚，按式（4-2-21a）$850-15-10-16=809$mm$>l_{aE}=30d=30\times16=480$mm，可直锚。

（1）计算纵向钢筋长度

Ⓜ轴一层连梁、暗梁

按式（4-2-29）

纵向钢筋长度＝墙洞口宽＋左、右锚固长度

① 相对标高 $H-2.170$m 处 LL1（2）

LL1（2）的纵筋在 GBZ6 中的锚固应延伸到 GBZ6 对边外侧竖向纵筋的内侧

单根纵向钢筋长度＝墙洞口宽＋左、右锚固长度＝$(1500+750+200+2500)+809+\max(480,600)=4950+809+600=6359$mm

纵向钢筋总长度＝根数×单根纵向钢筋长度＝6×6359＝38154mm＝38.154m

② 一层楼面处 LL1（2）、暗梁

连梁、暗梁在同一标高处，梁顶面钢筋可以通长设置，但如果两者钢筋大小不同则须在连梁纵筋锚固尽端开始搭接 l_{lE}

顶面纵向钢筋长度＝墙洞口宽＋左、右锚固长度＝（100＋3000＋5400＋350）－15－10－16－20－8－20＝8761mm

连梁底部总筋长度同 H－2.170m 标高处连梁总筋长度6359mm

由图 4-2-16 可知，楼面处均设置暗梁，所以暗梁底部纵筋长度同顶面纵筋长度8761mm

纵向钢筋总长度＝6×8761＋3×6359＝71643mm＝71.643m

（2）计算箍筋长度

1）相对标高 H－2.170m 处 LL1（2）

按式（4-2-31）

箍筋长度＝$[(b-2c-2D_X-d)+(h-2c-d)]$×2＋2×135°弯钩长度

＝$[(300-2×15-2×10-8)+(500-2×20-8)]$×2＋2×12.9×8

＝（242＋452）×2＋206.4＝1594.4mm，取 1595mm

（连梁侧面保护层厚度同墙身，上下保护层厚度同梁）

按式（4-2-31）

箍筋个数＝(洞口宽－2×50)/箍筋间距＋1

＝$[(1500-2×50)/100+1]+[(2500-2×50)/100+1]$＝15＋25＝40 个

箍筋总长度＝40×1595＝63800mm＝63.800m

2）一层楼面处 LL1（2）、暗梁

① LL1（2）箍筋

计算结果同上。

② 暗梁箍筋

按式（4-2-22）计算长度

箍筋长度＝$[(b_w-2c-2D_X-d)+(h_w-2c-d)]$×2＋2×135°弯钩长度

＝$[(300-2×15-2×10-8)+(450-2×15-8)]$×2＋2×12.9×8

＝（242＋412）×2＋206.4＝1514.4mm，取 1515mm

因为墙端部设有 GDZ2，所以在暗梁长度范围内均设箍筋（与连梁重叠处除外），端柱内不设箍筋。箍筋距离洞口边 100mm 设第一根箍筋，距离端柱内边 50mm 设第一根箍筋。

按式（4-2-27）

箍筋个数＝(墙长－100－50)/箍筋间距＋1

＝(2500＋200－350－100－50)/150＋1

＝15.67 个，取 16 个

箍筋总长度＝16×1515＝24240mm

＝24.24m

（3）计算连梁拉筋长度 Φ6@200

1）相对标高 H－2.170m 处 LL1（2）

拉筋长度按式（4-2-33）计算

拉筋长度$=(b_w-2c-d)+2\times135°$弯钩长度

$=[300-2\times(15+10-6)-6]+2\times2.9\times6+2\times5\times6=256+94.8$

$=350.8$mm，取351mm

每排水平分布腰筋的拉筋个数$=[(1500-2\times50)/200+1]+[(2500-2\times50)/200+1]$

$=8+13=21$个

侧面腰筋$2\Phi10@150$，利用墙水平分布筋充当连梁侧面腰筋，LL1（2）高度范围内墙水平分布筋的根数$=[(500-50)/150+1]\times2=4\times2=8$根，对照图4-2-30，侧面腰筋上、下第一排水平筋不需要拉筋，所以LL1（2）只需两排拉筋。

拉筋总长度$=2\times21\times351=14742mm=14.742$m

2）一层处LL1（2）

计算结果同$H-2.170$m标高处的LL1（2）。

2. 屋面层钢筋长度计算

从图4-2-18中得知，十二层的混凝土强度等级为C30，查22G101-1 P59 $l_{aE}=37d$

从图4-2-23、图4-2-24中得知Ⓜ轴十二层洞口宽分别为1500mm、2700mm，LL1（2）、暗梁宽$b_w=200$mm，暗梁高$h_w=450$mm，上、下各配$2\Phi14$纵筋，箍筋$\Phi8@150$；LL1（2）梁宽$b=200$mm，梁高$h=1170$mm，上、下各配$2\Phi18$纵筋，箍筋$\Phi8@100$。墙洞口边缘构件分别为GBZ6、GBZ5、GBZ5a，墙端设有GDZ2。

判别是否直锚，按式（4-2-21a）锚固长度$=850-15-8-14=813$mm$>l_{aE}=37d=37\times18=666$mm，可直锚。

（1）计算纵向钢筋长度

1）Ⓜ轴屋面层连梁$2\times2\Phi18$

按式（4-2-29）

纵向钢筋长度=墙洞口宽+左、右锚固长度

LL1（2）的纵筋在GBZ6中的锚固应延伸到GBZ6对边外侧竖向纵筋的内侧。

纵向钢筋长度=墙洞口宽+左、右锚固长度$=(1500+750+100+2700)+813+max(666,600)=5050+813+666$

$=6529$mm

纵向钢筋总长度$=4\times6529=26116$mm$=26.116$m

2）Ⓜ轴屋面层暗梁$2\times2\Phi14$

暗梁、连梁在同一标高处，暗梁顶面钢筋与连梁钢筋在GBZ5a处搭接l_{lE}，但须在连梁纵筋锚固尽端开始搭接$1.6l_{aE}=1.6\times37\times14=828.8$mm，取829mm，见18G901-1 P94

顶面纵筋长度$=[(100+2500+350)-20-8-20]+(829-666)+1.7l_{abE}=3065+1.7\times37\times14=3945.6$mm，取3946mm

暗梁顶部纵筋在端柱内的锚固选择柱内搭接的节点构造，底筋在两端边缘构件内均按直锚，但要延伸到外侧竖向纵筋的内侧。

暗梁底部纵筋长度=墙身长+左、右锚固$=(100+3000+5400+350)-(15+8+14)-(20+8+20)=8850-37-48=8765$mm

纵向钢筋总长度$=2\times8765+2\times3946=25422mm=25.422$m

（2）计算箍筋长度

1）LL1（2）

按式（4-2-30）

$$\begin{aligned}
箍筋长度 &= [(b-2c-2d_X-d)+(h-2c-d)]\times2+2\times135°弯钩长度 \\
&= [(200-2\times15-2\times8-8)+(1170-2\times20-8)]\times2+2\times12.9\times8 \\
&= (146+1122)\times2+206.4=2742.4\text{mm}, 取 2743\text{mm}
\end{aligned}$$

按式（4-2-31）

$$\begin{aligned}
箍筋个数 &= [(洞口宽-2\times50)/箍筋间距+1]+[(锚固的水平段长-100)/箍筋间距+1]\times2 \\
&= [(1500-2\times50)/100+1]+[(2700-2\times50)/100+1]+(813-100)/150+ \\
&\quad (850-2\times100)/150+(666-100)/150 \\
&= 15+27+4.75+4.33+3.77, 取 15+27+5+5+4=56 个
\end{aligned}$$

箍筋总长度 $=56\times2743=153608\text{mm}=153.608\text{m}$

2）暗梁箍筋

按式（4-2-22）计算长度

$$\begin{aligned}
箍筋长度 &= [(b_w-2c-2d_X-d)+(h_w-2c-d)]\times2+2\times135°弯钩长度 \\
&= [(200-2\times15-2\times8-8)+(450-2\times15-8)]+2\times12.9\times8 \\
&= (146+412)\times2+206.4=1322.4\text{mm}, 取 1323\text{mm}
\end{aligned}$$

按式（4-2-28）

$$\begin{aligned}
箍筋个数 &= [墙净长-50-\max(l_{aE}, 600)]/箍筋间距 \\
&= (2500-400-350-50-666)/150 \\
&= 6.89, 取 7 个
\end{aligned}$$

箍筋总长度 $=7\times1323=9261\text{mm}=9.261\text{mm}$

（3）计算连梁拉筋长度 $\Phi6@200$

拉筋长度按式（4-2-33）计算

$$\begin{aligned}
拉筋长度 &= (b-2c+d)+2\times135°弯钩长度 \\
&= [200-2\times(15+8-6)+6]+2\times2.9\times6+2\times5\times6=172+94.8 \\
&= 266.8\text{mm}, 取 267\text{mm}
\end{aligned}$$

$$\begin{aligned}
每排水平分布腰筋的拉筋个数 &= [(1500-2\times50)/200+1]+[(2700-2\times50)/200+1] \\
&= 8+14=22 个
\end{aligned}$$

侧面腰筋 $2\Phi8@150$，利用墙水平分布筋充当连梁侧面腰筋，LL1（2）高度范围内墙每侧水平分布筋的根数 $=(1170-50)/150+1=8.5$ 根，在连梁高度范围内向下取整，只取 8 根。对照图 4-2-30，侧面腰筋上、下第一排水平筋不需要拉筋，所以 LL1（2）只需 8 排拉筋。

拉筋总长度 $=8\times22\times255=44880\text{mm}=44.88\text{m}$

3. 剪力墙中边框梁（BKL）的钢筋量计算

（1）边框梁纵向钢筋长度计算

在框架-剪力墙、剪力墙、筒体结构的高层建筑中，设计人员往往会根据受力分析及结构抗震构造的需要，在剪力墙上设置边框，竖向边框为端柱，楼层水平边框为边框梁。端柱的配筋构造与框架柱相同，而边框梁与端柱的节点构造同框架结构节点，边框梁配筋

截面构造见图 4-2-31、图 4-2-32，边框梁的配筋一般都是通长配置，计算式简单，但要考虑接头数量（按 8m 一个接头考虑）。当边框梁的梁宽与剪力墙厚度相同时，这种边框梁即为暗梁，在实际工程中，这种做法很常见。

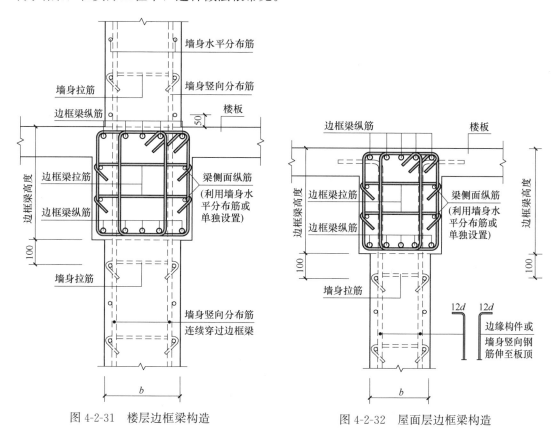

图 4-2-31 楼层边框梁构造　　　　图 4-2-32 屋面层边框梁构造

纵向钢筋长度＝边框端柱间的净距＋左、右锚固长度　　　　　　　　　（4-2-35）

判别直锚的条件：端柱平行梁长方向边长$-c-d_c-D_c \geqslant l_{aE}$，可直锚，否则须弯锚。

直锚时：锚固长度＝端柱平行梁长方向边长$-c-d_c-D_c$　　　　　　（4-2-35a）

弯锚时：锚固长度＝端柱平行梁长方向边长$-c-d_c-D_c+15d$　　　（4-2-35b）

在顶层边端柱处，边框梁面筋在柱内的锚固选择柱内搭接方式：

　　　　锚固长度＝端柱平行梁长方向边长$-c-d_c-D_c+1.7l_{aE}$　　（4-2-35c）

式中　　d_c——柱箍筋直径；

　　　　D_c——柱纵筋直径。

计算依据见 18G101-1 P97。如果计算钢筋下料长度就要按 18G901-1 P30～P47 考虑梁纵筋弯折与柱纵筋保持 25mm 以上的净距，梁上、下部第一、二排纵筋弯折厚也要保证有 25mm 以上的净距，当然还有弯折量度差的修正问题等。

（2）边框梁箍筋、腰筋及拉筋长度计算

计算方法同框架梁，请见任务三中有关内容。

任务五

钢筋混凝土板

第一节　钢筋混凝土板的基本知识

一、钢筋混凝土板分类

在房屋建筑楼（屋）面中，直接承受楼（屋）面荷载并由墙、梁或柱支撑的水平承重构件称为板。根据其受力特点可分为如下形式：

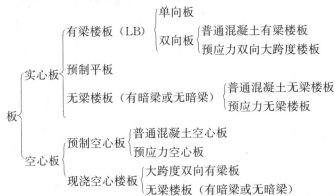

钢筋混凝土结构、砖混结构中，板没有抗震要求。在一栋建筑物的结构设计总说明中，结构设计人员会按照要求对房屋的结构类型、类别及设防烈度、抗震等级或非抗震作出说明。工程造价及施工人员必须按照结构设计总说明中的要求并按照 22G101、18G901 系列结构构造标准图集等计算钢筋的预算长度或下料长度。

下面就以任务二中的小型综合楼为例，说明楼面、屋面板的纵向钢筋在梁内、墙（砖墙或剪力墙）内的锚固作法，并附带说明地下室底板、顶板及转换层楼面板纵向钢筋的锚固做法，列出钢筋长度计算公式和计算过程。

二、钢筋混凝土板中配置的钢筋种类及作用

（一）四边支撑板的分类

四边由梁或墙支撑的现浇板根据其长边（L）与短边（B）的比值大小分为双向板和单向板。

当 $L/B \leqslant 2$ 时，为双向板；当 $2 < L/B < 3$ 时，宜按双向板；当 $L/B \geqslant 3$ 时，为单向

板；当板为两对边支撑时，也为单向板。见图 5-1-1、图 5-1-2（13G101-11 P65）。

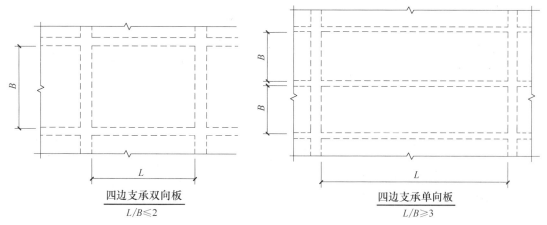

图 5-1-1　四边支撑双向板布置图　　　　图 5-1-2　四边支撑单向板布置图

（二）板中配置的钢筋种类

1. 双向板中配置的钢筋有跨中底部双向受力钢筋、支座上部纵向受力钢筋（也称负筋）或构造钢筋、分布筋及上部筋的支撑筋（施工措施筋）等。

2. 单向板中配置的钢筋有跨中底部短向受力钢筋、长向分布筋，支座上部纵向受力钢筋（也称负筋）或构造钢筋、分布筋及上部筋的支撑筋（施工措施筋）等。

3. 单、双向板除配有受力筋、分布筋以外，有时候还会根据房屋长度、板的跨度大小考虑在板面没有配置钢筋的地方设置抵抗温度、收缩应力的构造钢筋，图 5-1-3～图 5-1-7 为某工程板配筋实拍照片。

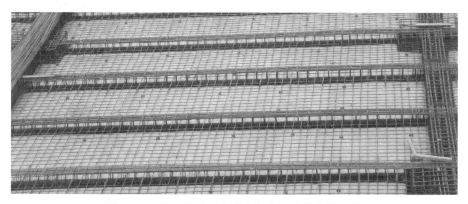

图 5-1-3　某工程地下室单向板底部配筋实拍照片

（三）板中配置的钢筋作用

1. 受力钢筋

（1）承担由重力等直接作用在板中产生的拉应力，防止混凝土产生较大的裂缝；

（2）承担由温度、混凝土收缩等间接作用在板中产生的拉应力。

2. 分布筋

（1）固定受力钢筋；

图 5-1-4　某工程双向板底部配筋实拍照片

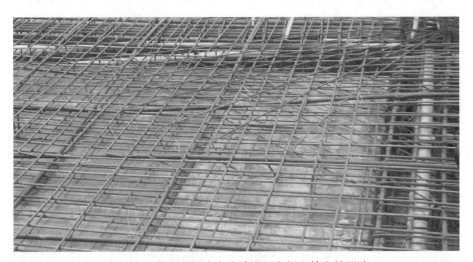

图 5-1-5　某工程预应力大跨度双向板配筋实拍照片

图 5-1-6　某工程大跨度空心双向板底部配筋实拍照片

图 5-1-4　某工程双向板底部配筋实拍照片

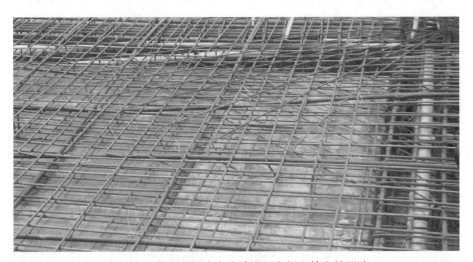

图 5-1-5　某工程预应力大跨度双向板配筋实拍照片

图 5-1-6　某工程大跨度空心双向板底部配筋实拍照片

图 5-1-7　某工程无梁空心楼板（有暗梁）配筋实拍照片

（2）分散板面荷载；

（3）承受混凝土温度、收缩应力。

3. 构造钢筋

（1）边支座按铰接计算时，要承担实际存在的负弯矩（边支座构造负筋）。

（2）承担混凝土温度、收缩应力（构造温度、收缩应力钢筋）。

第二节　钢筋混凝土板的钢筋量手工计算

一、某工程三层小型框架结构综合楼施工图

本套完整的建筑及结构施工图见附录图纸，以下所用图 5-2-1 为部分截图。

二、钢筋混凝土板配筋的标准构造做法

按照传统的教学方法，学生在学习建筑制图理论时都是按照正投影的方法绘制结构施工图，按此方法绘制板的配筋施工图表达清楚，很容易看懂钢筋的做法，自然也容易计算出板的钢筋用量，但是这种传统的制图方法已不能适应目前大规模的工程建设，于是就有了国家建筑标准设计图集《混凝土结构施工图平面整体表示方法制图规则和构造详图》（按此表示法绘制的混凝土结构施工图简称平法施工图），这个标准图集经过十几年的应用，已发展到 22G101-1～3、12G101-4 和与之配套的国家建筑标准设计图集《混凝土结构施工钢筋排布规则与构造详图》18G901-1～3。作为设计、施工、监理、造价及建设管理人员都应按照这两个系列的标准图集指导工作。对于钢筋混凝土板的配筋构造详图分板纵向钢筋的锚固与搭接构造、悬臂板配筋构造、降板或升板配筋构造、无梁楼板配筋构造（见 22G101-1、18G901-1，疑难问题解答见 17G101-11）。

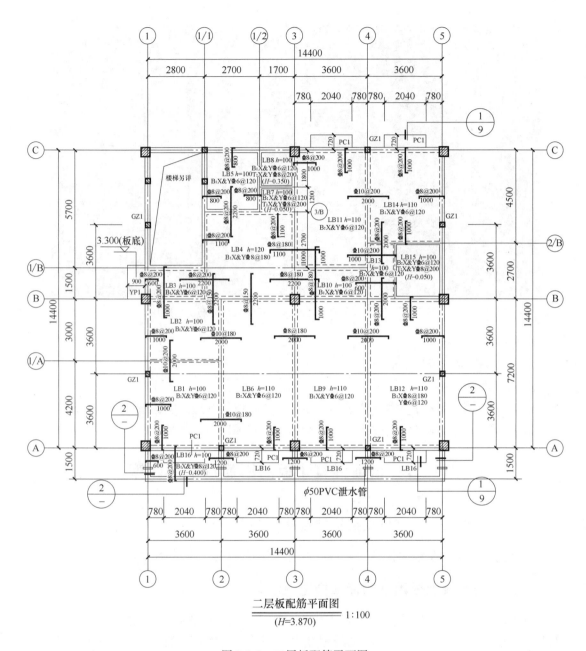

二层板配筋平面图
$$\frac{\text{二层板配筋平面图}}{(H=3.870)}\quad 1:100$$

图 5-2-1　二层板配筋平面图

三、钢筋混凝土板钢筋量手工计算

　　要计算钢筋混凝土板的钢筋用量，首先要弄清楚钢筋混凝土板内配有哪些钢筋，配置的钢筋有哪些标准构造规定（构造的解释见任务三中的描述），能够看懂按平法制图规则绘制的梁平法施工图，然后按照板纵向钢筋在支座内的锚固等标准构造将板钢筋量计算出来。下面就按图 5-2-1 所示板平法施工图、22G101-1 及 17G101-11 分别讲解板内配置的受力钢筋、分布筋、构造温度筋在楼、屋面层的钢筋计算方法。

楼（屋）面层钢筋混凝土板的钢筋量计算

1. 板在支座内的锚固长度计算

钢筋混凝土板的支座可能是框架梁、非框架梁、剪力墙、砌体墙等。板在支座内的锚固根据支撑条件可分为直锚和弯锚两种，见图 5-2-2、图 5-2-3（12G901-1 P105）。

注：18G901-1 图集删除了钢筋混凝土板的支座为砌体墙的表达方式，由于教学需要，本图展示 12G901-1 P105 图例大样。

（1）板纵向钢筋在砌体支座内的锚固长度计算

1）板纵向钢筋在端支座内的锚固长度

① 端部边支座为圈梁（QL）（图 5-2-2a）

a. 板上部钢筋在支座内的锚固

判别板纵向受力钢筋是否直锚，见下列公式：

$$l_a \leqslant b_b - c - d_b - D_b \tag{5-2-1}$$

满足式（5-2-1）为直锚，否则为弯锚。

式中 b_b——楼（屋）面梁（或圈梁）宽；

c——梁钢筋保护层厚度；

d_b——楼（屋）梁（或圈梁）箍筋直径；

D_b——楼（屋）面梁（或圈梁）纵向钢筋直径。

$$板上部纵向钢筋直锚长度 = l_a \tag{5-2-2}$$

$$板上部纵向钢筋弯锚长度 = \max[0.35l_a(0.6l_a) + 15d, b_b - c - d_b - D_b + 15d] \tag{5-2-3}$$

注意：当板边为铰接（或固定）边时，板上部纵向钢筋弯锚的水平段长度应满足下式：

$$0.35l_a（或 0.6l_a）\leqslant b_b - c - d_b - D_b \tag{5-2-4}$$

见图 5-2-2、图 5-2-3（来自 12G901-1 P105），否则应通知设计人员修改设计。

式中，l_a、l_{ab} 所代表的意义见任务二中的计算式及解释。

弯锚时，计算钢筋水平段长度所用 $l_a \geqslant l_{ab}$，即锚固长度修正系数 $\zeta_a \geqslant 1.0$（只针对弯锚）。

当采用 HPB300 级的钢筋时，端部需加做 180° 的半圆钩（6.25d），d 为要计算长度的钢筋直径。

b. 板下部钢筋在支座内的锚固

$$板下部纵向钢筋锚固长度 = \max(5d, b_b/2) \tag{5-2-5}$$

当采用 HPB300 级的钢筋时，端部需加做 180° 的半圆钩（6.25d）。

② 端部支座为砌体墙（图 5-2-2b）

a. 板上部钢筋在支座内的锚固

$$板上部纵向钢筋锚固长度 = \max(0.35l_a + 15d, 板支承长度 - c + 15d) \tag{5-2-6}$$

$$板支承长度 = \max(120, h_s, 墙厚/2) \tag{5-2-7}$$

式中 h_s——板厚度。

b. 板下部钢筋在支座内的锚固

$$板下部纵向钢筋锚固长度 = 板支承长度 - c \tag{5-2-8}$$

当采用 HPB300 级的钢筋时，端部需加做 180°的半圆钩（6.25d）。

2）板纵向钢筋在中间支座内的锚固长度

无论板是否与圈梁一起整浇，底部钢筋锚固长度计算式完全相同（图 5-2-2c）。

$$板下部纵向钢筋锚固长度＝\max(5d，墙厚/2) \tag{5-2-9}$$

当采用 HPB300 级的钢筋时，端部需加做 180°的半圆钩（6.25d）。

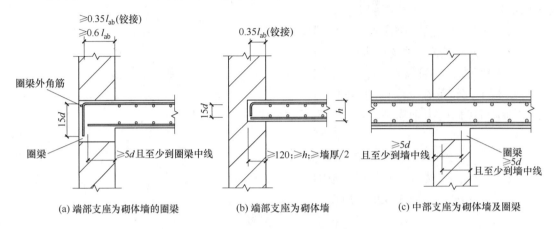

(a) 端部支座为砌体墙的圈梁　　(b) 端部支座为砌体墙　　(c) 中部支座为砌体墙及圈梁

板在砌体支座的锚固构造

图 5-2-2　板纵向钢筋在砖砌体支座的锚固构造

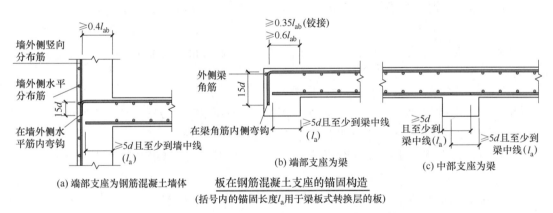

(a) 端部支座为钢筋混凝土墙体　　　**板在钢筋混凝土支座的锚固构造**　　(b) 端部支座为梁　　(c) 中部支座为梁

（括号内的锚固长度 l_a 用于梁板式转换层的板）

图 5-2-3　板纵向钢筋在钢筋混凝土支座的锚固构造

（2）板纵向钢筋在钢筋混凝土支座内的锚固长度计算

1）板纵向钢筋在端支座内的锚固长度

① 端部支座为梁（KL、WKL、L）（图 5-2-3b）

a. 板上部钢筋在支座内的锚固

判别板纵向受力钢筋是否直锚，见下列公式：

$$l_a \leqslant b_b - c - d_b - D_b \tag{5-2-1}$$

式中　b_b——楼（屋）面梁（或圈梁）宽；

　　　c——梁钢筋保护层厚度；

　　　d_b——楼（屋）梁（或圈梁）箍筋直径；

D_b——楼（屋）面梁（或圈梁）纵向钢筋直径。

板上部纵向钢筋直锚长度计算公式同式（5-2-2），弯锚长度计算公式同式（5-2-3）。

满足式（5-2-1）为直锚，否则为弯锚。

注意：当板边为铰接（或固定）边时，板上部纵向钢筋弯锚的水平段长度应满足下式：

$$0.35l_a（或0.6l_a）\leqslant b_b-c-d_b-D_b \tag{5-2-4}$$

见图 5-2-3b（来自12G901-1 P105），否则应通知设计人员修改设计。

弯锚时，计算钢筋水平段长度所用 $l_a \geqslant l_{ab}$，即锚固长度修正系数 $\zeta_a \geqslant 1.0$（只针对弯锚）。板边支座是否为铰接应由设计人员指定，当设计没有说明时，按固定边（即考虑强度充分利用）计算锚固长度。

当采用 HPB300 级的钢筋时，端部需加做 180°的半圆钩（6.25d）。

b. 板下部钢筋在支座内的锚固

一般情况下，板下部纵向钢筋锚固长度计算公式同式（5-2-5）。

当楼板为地下室底、顶板以及结构转换层楼板时，按下列情况处理：

满足式（5-2-1）时，板下部纵向钢筋锚固长度按式（5-2-2）计算。

需弯锚时

$$板下部纵向钢筋弯锚长度=\max(0.6l_a+15d, b_b-c-d_b-D_b+15d) \tag{5-2-10}$$

② 端部支座为剪力墙（图 5-2-3a）

a. 板上部钢筋在支座内的锚固

$$板上部纵向钢筋直锚长度=l_a \tag{5-2-2}$$

$$板上部纵向钢筋弯锚长度=\max(0.4l_a+15d, b_w-c-D_X+15d) \tag{5-2-11}$$

式中 b_w——剪力墙厚度；

D_X——剪力墙水平分布筋直径

b. 板下部钢筋在支座内的锚固

一般情况下，

$$板下部纵向钢筋锚固长度=\max(5d, b_w/2) \tag{5-2-12}$$

当楼板为地下室底、顶板以及结构转换层楼板时，按下列情况处理：

满足式（5-2-1）时，板下部纵向钢筋锚固长度按式（5-2-2）计算。

需弯锚时

$$板下部纵向钢筋弯锚长度=\max(0.6l_a+15d, b_w-c-D_X+15d) \tag{5-2-13}$$

2）板纵向钢筋在中间支座内的锚固长度

无论板的中间支座是梁，还是剪力墙，底部钢筋锚固长度要求完全相同（见图 5-2-3c）。

① 一般楼（屋）面板下部钢筋在支座内的锚固

$$板下部纵向钢筋锚固长度=\max[5d, 梁宽（墙厚）/2] \tag{5-2-14}$$

② 地下室底、顶板以及结构转换层楼板下部钢筋在支座内的锚固

板下部纵向钢筋锚固长度按式（5-2-2）计算。

当采用 HPB300 级的钢筋时，端部需加做 180°的半圆钩（6.25d）。

2. 有梁板钢筋长度计算

（1）板底部纵向钢筋长度计算

图中括号内的锚固长度用于地下室底、顶板以及结构转换层楼板。

板中配置的上、下各层钢筋的定位示意及单、双向板底部钢筋在跨中排布和支座内的锚固构造分别见图 5-2-4～图 5-2-6。板底筋排布起始位置见图 5-2-7，本图依据 22G101-1 P106（有梁板配筋构造）对 18G901-1 P118 大样 A 作了局部修改。

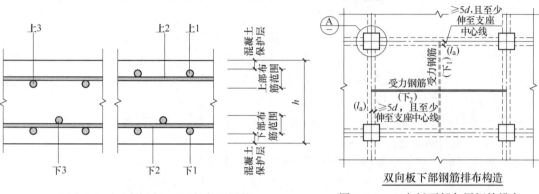

图 5-2-4　板厚范围上、下部各层钢筋
定位排序示意图（18G901-1 P113）

图 5-2-5　双向板下部各层钢筋排布
构造图（18G901-1 P118）

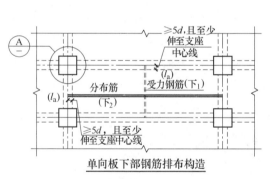

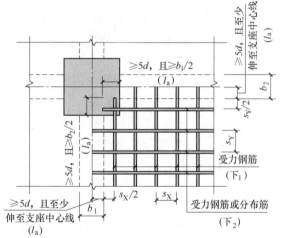

图 5-2-6　单向板下部各层钢筋
排布构造图（18G901-1 P118）

图 5-2-7　单、双向板下部各层钢筋排布及在
梁、柱内锚固构造图（18G901-1 P118）
图中括号内的锚固长度用于地下室底、
顶板以及结构转换层楼板
图中：s_X——垂直于 X 向的钢筋间距
s_Y——垂直于 Y 向的钢筋间距

1）一般楼（屋）板底部钢筋计算

① 双向板

a. 底部钢筋长度计算

双向板底部配筋均为受力筋，短跨方向钢筋放在最下排（即下$_1$），长跨方向钢筋放在短跨方向钢筋之上（即下$_2$）。

$$短跨方向底部钢筋长度 = l_{n1} + 支座底部锚固长度 \times 2 \quad (5\text{-}2\text{-}15)$$

$$长跨方向底部钢筋长度 = l_{n2} + 支座底部锚固长度 \times 2 \quad (5\text{-}2\text{-}16)$$

式中　l_{n1}、l_{n2}——板短、长边净跨；若两端支座锚固长度不一致，则分开相加即可。

b. 底部钢筋根数计算

$$短跨方向底部钢筋根数 = (l_{n2} - s)/s + 1 \quad (5\text{-}2\text{-}17)$$

$$长跨方向底部钢筋根数 = (l_{n1} - s)/s + 1 \quad (5\text{-}2\text{-}18)$$

式中　s——钢筋间距。

② 单向板

a. 底部钢筋长度计算

单向板底部平行短跨方向的配筋为受力筋，钢筋放在最下排（即下$_1$），平行长跨的配筋为分布筋（图中不标注，但在说明中注明），钢筋放在短跨方向钢筋之上（即下$_2$）。

$$短跨方向底部受力钢筋长度 = l_{n1} + 支座底部锚固长度 \times 2 \quad (5\text{-}2\text{-}19)$$

$$长跨方向底部分布钢筋长度 = l_{n2} + 支座底部锚固长度 \times 2 \quad (5\text{-}2\text{-}20)$$

式中　l_{n1}、l_{n2}——板短、长边净跨；若两端支座锚固长度不一致，则分开相加即可。

b. 底部钢筋根数计算

$$短跨方向底部受力钢筋根数 = (l_{n2} - s)/s + 1 \quad (5\text{-}2\text{-}21)$$

$$长跨方向底部分布钢筋根数 = (l_{n1} - s)/s + 1 \quad (5\text{-}2\text{-}21a)$$

式中　s——钢筋间距。

③ 单、双向板底部钢筋长度计算注意事项

a. 底部钢筋锚固长度计算

根据支座类型分别按式（5-2-5）、式（5-2-8）、式（5-2-9）、式（5-2-12）、式（5-2-14）计算钢筋锚固长度。当采用 HPB300 级的钢筋时，端部需加做 180°的半圆钩（6.25d）。

b. 当遇有框架柱时钢筋长度计算

计算预算长度时，可不考虑框架柱的尺寸影响，这样可简化计算。

计算下料长度时，则应考虑框架柱的尺寸影响，以上计算公式不变，但板净跨减小（见图 5-2-7）。在施工现场，大多数情况下，为提高劳动效率并避免工人放错钢筋，下料长度会与预算长度取值相同。

2）地下室底、顶板及转换层板底部钢筋计算

对于这三种板的钢筋长度、根数按式（5-2-15）~式（5-2-21）计算，但锚固长度按式（5-2-2）、式（5-2-13）计算。由于这三种板的配筋都是双层双向配置，所以计算长度时所用净跨用总净跨，锚固只算两端锚固长度，8m 考虑一个搭接接头。搭接长度 l_l 计算见下式：

$$l_l = \zeta_l \times l_a \quad (5\text{-}2\text{-}22)$$

式中　ζ_l——纵向受拉钢筋绑扎搭接长度修正系数，见《混凝土结构设计规范》（2015 年版）GB 50010—2010，也可直接查 22G101-1 P61 纵向受拉钢筋搭接长度表。

【例 5-2-1】 计算图 5-2-8 中 LB1 的底部钢筋长度，此图为 5-2-1 的部分截图。

解：1. X 向 Φ 6@120 底筋计算

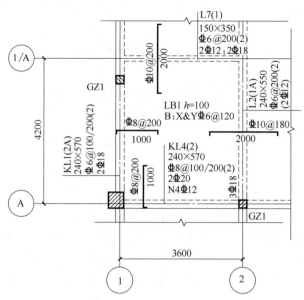

图 5-2-8　LB1 平法配筋图

判别单、双向板（用净跨计算）：

$(4200-240/2-150/2)/(3600-2\times240/2)$

$=4005/3360=1.19<2$，属双向板

板 X 向的左、右支座分别为

KL1（2A）240×570、L2（1A）240×550；

锚固长度按式（5-2-5）或式（5-2-14）计算：

$$锚固长度=\max(5d,b_b/2)$$
$$=\max(5\times6,240/2)$$
$$=\max(30,120)$$
$$=120mm$$

钢筋长度按式（5-2-15）计算；

$$钢筋长度=l_{n1}+锚固长度\times2$$
$$=(3600-2\times240/2)+120\times2$$
$$=3600mm$$

钢筋根数按式（5-2-17）计算；

$$钢筋根数=(l_{n2}-s)/s+1=[(4200-240/2-150/2)-120]/120+1$$
$$=(4005-120)/120+1=32.4+1=33.4\ 根，取 34\ 根$$

筋总长度$=34\times3600=122400mm=122.4m$

2. Y 向 Φ6@120 底筋计算

板 Y 向的上、下支座分别为：L7（1）150×350、KL4（2）240×570。

下支座锚固长度同左、右支座锚固长度$=120mm$，上支座锚固长度$=75mm$。

钢筋长度按式（5-2-16）计算：

$$钢筋长度=l_{n1}+锚固长度\times2=l_{n1}+左锚固长度+右锚固长度$$

$$=4005+120+75$$
$$=4200\text{mm}$$

钢筋根数按式（5-2-18）计算

钢筋根数$=(l_{\text{n1}}-s)/s+1=(3360-120)/120+1$
$$=27+1=28\text{ 根}$$

钢筋总长度$=28\times4200=117600\text{mm}=117.6\text{m}$

板上部纵向钢筋长度计算（图5-2-9、图5-2-10）：

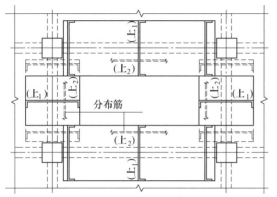

图5-2-9　板上部钢筋非贯通排布构造　　　图5-2-10　板上部钢筋单向贯通排布构造
　　　　　（18G901-1 P119）　　　　　　　　　　　　　　（18G901-1 P119）

3）单、双向楼（屋）板上部钢筋非贯通布置（无温度、收缩筋）钢筋计算

① 板边支座钢筋长度计算

a. 板边支座受力钢筋（负筋）长度计算（见图5-2-11～图5-2-14）

$$\text{钢筋长度}=\text{负筋伸入跨内净长}+(h_{\text{s}}-2\times c)+\text{边支座锚固长度}\qquad(5\text{-}2\text{-}23)$$

b. 分布钢筋长度计算

$$\text{钢筋长度}=\text{板负筋布置净跨}(l_{\text{n}})-\text{另一向支座负筋伸入跨中净长}\times2+2\times150$$
$$(5\text{-}2\text{-}24)$$

式中的"150"为分布筋与板负筋的搭接长度，来源见17G101-11 P85。

② 板边支座钢筋根数计算

a. 板边支座受力钢筋（负筋）根数计算

$$\text{钢筋根数}=(\text{板另一向净跨}-s)/s+1\qquad(5\text{-}2\text{-}25)$$

b. 分布钢筋根数计算

$$\text{钢筋根数}=(\text{负筋伸入跨中净长}-s/2)/s+1\qquad(5\text{-}2\text{-}26)$$

【例5-2-2】　计算【例5-2-1】中LB1的边支座钢筋长度。

解：一般情况下，沿房屋周边的板边支座约束类型为铰接边。

1. ①轴交Ⓐ～⑭Ⓐ轴上钢筋计算（【例5-2-1】中所标注板负筋长度均从梁中心起算）

（1）①轴上Φ8@200负筋计算

查22G101-1 P58 $l_{\text{ab}}=35d$

判断是否直锚：$l_{\text{a}}=\zeta_{\text{a}}\times l_{\text{ab}}=1.0\times35d=35\times8=280\text{mm}$

$280\text{mm}>b_{\text{b}}-c-d_{\text{b}}-D_{\text{b}}=240-20-6-18=196\text{mm}$，只能弯锚

锚固长度＝max($0.35l_a+15d$，$b_b-c-d_b-D_b+15d$)

＝max($0.35×280+15×8$，$196+15×8$)＝316mm

负筋伸入跨内净长＝1000－240/2＝880mm

钢筋长度＝负筋伸入跨内净长＋($h_s-2×c$)＋锚固长度＝880＋(100－2×15)＋316

＝1266mm

钢筋根数＝(板另一向净跨－s)/s＋1＝(4005－200)/200＋1

＝19.03＋1＝20.03根，取21根

钢筋总长度＝21×1266＝26586mm＝26.586m

(2)①轴上负筋的分布筋Φ6@200（见结构设计总说明）计算

钢筋长度＝板另一向净跨(l_n)－另一向支座受力筋伸入跨中净长×2＋2×150

＝4200－2×1000＋2×150＝2500mm

钢筋根数＝(负筋伸入跨中净长－s)/s＋1

＝(880－200)/200＋1＝3.4＋1＝4.4根，取5根

分布筋总长度＝5×2500＝12500mm＝12.500m

2. Ⓐ轴交①～②轴上钢筋计算

计算方法同上。计算结果如下：

Φ8@200负筋长度＝1262mm，负筋根数＝17根，负筋总长度＝21.454m

负筋的分布筋（Φ6@200）长度＝1900mm，分布筋根数＝5根

分布筋总长度＝5×1900＝9500mm＝9.5m。

(1) 板中间支座钢筋（跨板负筋）长度计算（见图5-2-9～图5-2-14）

1) 板中间支座受力钢筋（负筋）长度计算

钢筋长度＝负筋板内水平投影净长＋($h_s-2×c$)×2   (5-2-27)

2) 分布钢筋长度计算

计算式同式(5-2-24)。

(2) 板中间支座钢筋根数计算

1) 板中间支座受力钢筋（负筋）根数计算

计算式同式(5-2-25)。

2) 分布钢筋根数计算

支座一侧钢筋根数计算同式(5-2-26)。

【例5-2-3】 计算【例5-2-1】中LB1的中间支座钢筋长度。

解：1. ⒈Ⓐ轴交①～②轴上钢筋计算

(1) ⒈Ⓐ轴上Φ10@200负筋计算

图5-2-8中所标注板负筋水平投影长度为2000mm。

负筋伸入跨内净长＝1000－240/2＝880mm

钢筋长度＝负筋板内水平投影净长＋($h_s-2×c$)×2＝2000＋(100－2×15)×2

＝2140mm

钢筋根数＝(板另一向净跨－s)/s＋1＝(3360－200)/200＋1

＝15.8＋1＝16.8根，取17根

钢筋总长度＝17×2140＝36380mm＝36.38m

（2）Ⅰ/Ⓐ轴上负筋的分布筋Φ6@200（见结构设计总说明）计算

分布筋计算同 A 轴，钢筋长度＝1900mm，钢筋根数＝5×2＝10 根

分布筋总长度＝10×1900＝19000mm＝19m

2. ②轴交Ⓐ～Ⅰ/Ⓐ轴上钢筋计算

计算方法同上，但负筋根数应结合相邻板计算，结果如下：

Φ10@180 负筋长度＝2140mm，负筋根数＝39 根 （按 LB6）

负筋总长度＝39×2140＝83460mm＝83.46m

分布筋（Φ6@200）长度＝2500mm，分布筋根数＝10 根

分布筋总长度＝10×2500＝25000mm＝25m

（1）双向楼（屋）板上部钢筋非贯通布置（有温度、收缩筋）钢筋计算（见图 5-2-12）

1）板边、中支座钢筋长度计算

① 板边、中支座受力钢筋（负筋）长度计算

计算式分别同式（5-2-23）、式（5-2-27）

② 分布钢筋（兼作温度、收缩筋）长度计算

钢筋长度＝板负筋布置净跨(l_n)－另一向支座负筋伸入跨中净长×2＋2×l_l

$$(5\text{-}2\text{-}28)$$

式中　l_l——分布筋与板负筋的搭接长度，搭接长度系数取 1.6。当采用 HPB300 级的钢筋时，端部需加做 180°的半圆钩（6.25d）。

2）板边、中支座钢筋根数计算

① 板边、中支座受力钢筋（负筋）根数计算

计算式同式（5-2-25）。

② 分布钢筋根数计算

$$短跨方向上部温度钢筋根数＝(l_{n2}-s/2)/s+1 \qquad (5\text{-}2\text{-}29)$$
$$长跨方向上部温度钢筋根数＝(l_{n1}-s/2)/s+1 \qquad (5\text{-}2\text{-}30)$$

式中　s——钢筋间距；

l_{n1}、l_{n2}——板短、长边净跨。

这种情况下，分布筋兼作温度、收缩钢筋，其搭接长度要按受力筋计算。

（2）双向楼（屋）板上部钢筋部分贯通布置钢筋计算（见图 5-2-13）

实际工程中常将贯通筋兼作温度、收缩钢筋。非贯通负筋长度、根数的计算同上述计算方法。

1）板边、中支座非贯通钢筋长度计算

计算式分别同式（5-2-23）、式（5-2-27）。

2）板边、中支座贯通钢筋长度计算

地下室底、顶板、转换层楼板及屋面板往往会设计成双层双向的配筋模式，这种情况下不需要设置分布筋。

$$钢筋长度＝板总净跨(l_n)＋接头数×l_l＋两端边支座锚固长度 \qquad (5\text{-}2\text{-}31)$$

l_l 的计算见式（5-2-22）。

3）钢筋根数按单块板的净长并结合相邻跨板的尺寸按前述式（5-2-29）、式（5-2-30）计算。

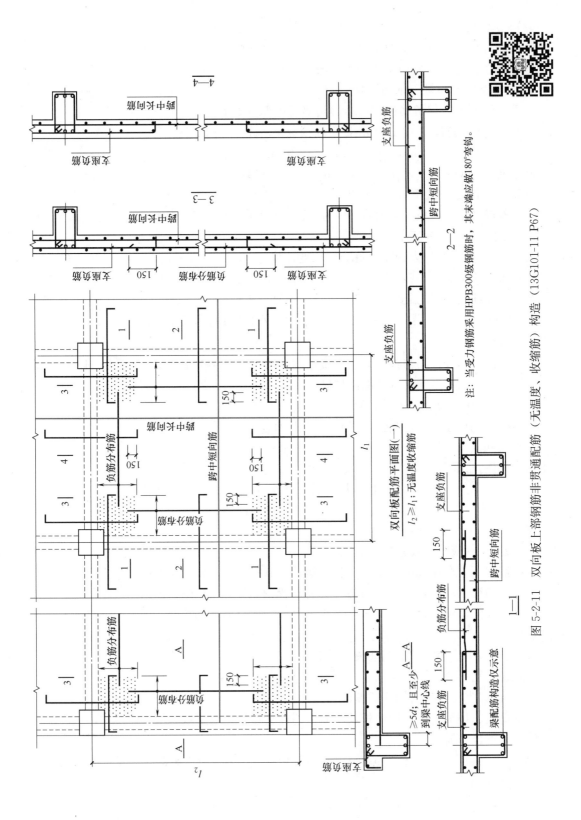

图 5-2-11 双向板上部钢筋非贯通配筋（无温度、收缩筋）构造（13G101-11 P67）

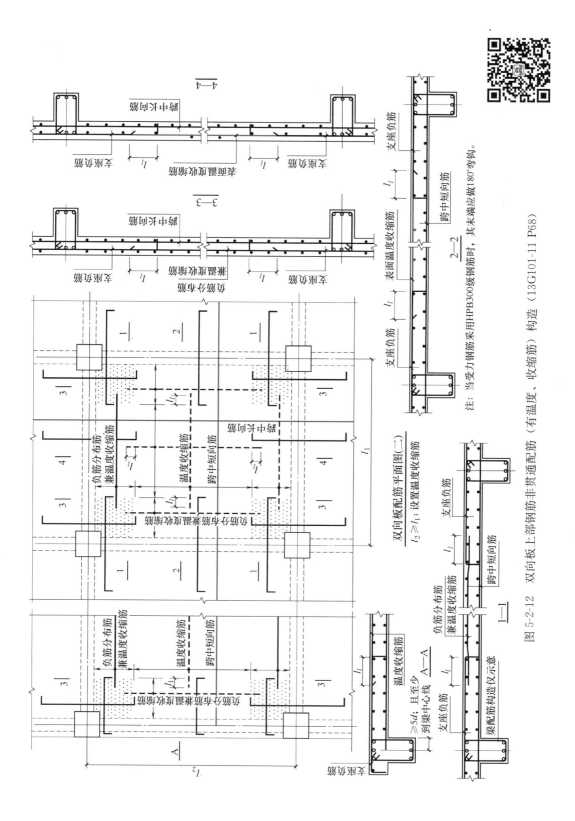

图 5-2-12　双向板上部钢筋非贯通配筋（有温度、收缩筋）构造（13G101-11 P68）

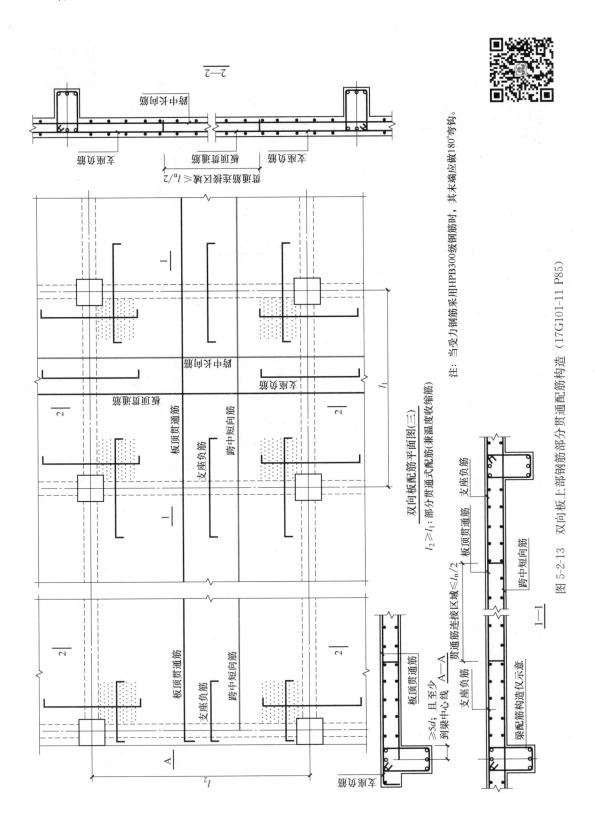

图 5-2-13 双向板上部钢筋部分贯通筋配筋构造（17G101-11 P85）

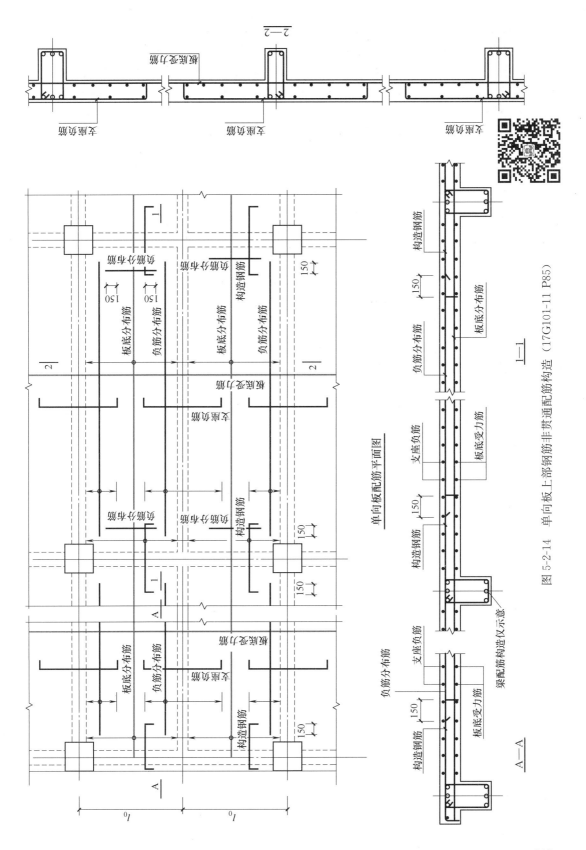

单向板配筋平面图

图 5-2-14　单向板上部钢筋非贯通配筋构造（17G101-11 P85）

4）板边、中支座局部设置贯通筋时钢筋计算（见图 5-2-10）

① 板边、中支座局部贯通负筋长度计算

在实际工程中，会出现连续不等跨板，如有大跨度板夹带小跨度板的，则考虑支座负弯矩的影响将大跨度板中间支座的负筋连通跨过小跨度板形成局部贯通筋，如图 5-2-1 中 LB10 的面筋。

$$钢筋长度 = 小跨板轴线跨长(l) + 两端标注长度 + (h_s - 2 \times c) \times 2 \qquad (5\text{-}2\text{-}32)$$

② 分布筋钢筋长度计算

计算式同式（5-2-24）。

③ 板边、中支座负筋、分布筋根数计算

计算式分别同式（5-2-25）、式（5-2-29）或式（5-2-30）。

【例 5-2-4】 计算图 5-2-1 中 LB10 的 Y 向贯通负筋及 X 向分布筋长度，未注明分布筋为 $\Phi 6@200$。

解： 1. Ⓑ～ⒶB轴交③～④轴间 Y 向板面贯通钢筋 $\Phi 8@180$ 计算

图 5-2-1 中所标注板负筋两端水平投影长度为 1000mm。按式（5-2-32）计算。

$$
\begin{aligned}
钢筋长度 &= 小跨板轴线跨长(l) + 两端标注长度 + (h_s - 2 \times c) \times 2 \\
&= 1500 + 1000 \times 2 + (110 - 2 \times 15) \times 2 = 3660\text{mm}
\end{aligned}
$$

$$
\begin{aligned}
钢筋根数 &= (板另一向净跨 - 2 \times s)/s + 1 = (3360 - 180)/180 + 1 \\
&= 17.7 + 1 = 18.7 \text{ 根，取 19 根}
\end{aligned}
$$

钢筋总长度 $= 19 \times 3660 = 69540\text{mm} = 69.540\text{m}$

2. Ⓑ～ⒶB轴上 X 向分布筋 $\Phi 6@200$ 计算

$$
\begin{aligned}
钢筋长度 &= 板 X 向净跨(l_n) - X 向两端支座受力筋伸入跨中净长 + 2 \times 150 \\
&= 3600 - 1100 - 600 + 2 \times 150 = 2200\text{mm}
\end{aligned}
$$

$$
\begin{aligned}
钢筋根数 &= (Y 向负筋在板跨内轴线净长投影 - 2 \times s)/s + 1 \\
&= [(1500 - 2 \times 120) - 2 \times 200/2)]/200 + 1 = 5.3 + 1 = 6.3 \text{ 根，取 7 根}
\end{aligned}
$$

分布筋总长度 $= 7 \times 2200 = 15400\text{mm} = 15.400\text{m}$

钢筋混凝土板式楼梯

第一节　钢筋混凝土楼梯的基本知识

一、钢筋混凝土楼梯分类

在房屋建筑中，承担楼梯间的竖向荷载并传递给墙、梁（柱）的构件称为楼梯。图 6-1-1 为各种类型的楼梯三维根据其受力特点可分为如下形式：

$$
楼梯
\begin{cases}
平面楼梯
\begin{cases}
板式楼梯
\begin{cases}
AT 型、BT 型、CT 型、DT 型\\
ET 型、FT 型、GT 型（本次不讨论）
\end{cases}\\
梁式楼梯（本次不讨论）
\end{cases}\\
空间楼梯
\begin{cases}
弧形楼梯（本次不讨论）\\
螺旋楼梯（本次不讨论）
\end{cases}
\end{cases}
$$

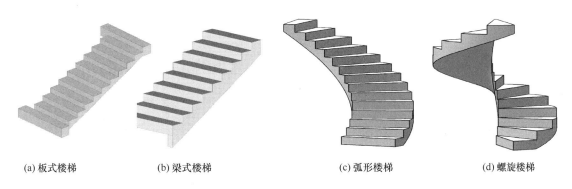

(a) 板式楼梯　　　　(b) 梁式楼梯　　　　(c) 弧形楼梯　　　　(d) 螺旋楼梯

图 6-1-1　楼梯类型

在房屋建筑中，楼梯梯段所用钢筋应符合抗震等级为一、二、三级的斜撑构件对钢筋性能的要求。在一栋建筑物（或构筑物）的结构设计中，结构设计人员会按照要求对楼梯作出说明，工程造价及施工人员必须按照设计图纸有关楼梯的说明及相对应的 G101-2 和配套使用的 G901-2 系列图集来计算钢筋的预算长度。

下面就以 22G101-2 图集为例，说明板式楼梯的纵向钢筋在梁内锚固的做法，列出钢筋长度计算公式和计算过程。

二、AT~DT型板式楼梯的特征

AT~DT每个代号代表一跑梯板。梯板主体为踏步段，除踏步段外，梯板还包括低端平板、高端平板、中位平板。梯板的高端和低端都以梯梁为支座。

（1）AT型板式楼梯（图6-1-2）：梯段全部由踏步段构成，直接与梯梁连接，没有平直段。

（2）BT型板式楼梯（图6-1-3）：由低端平直段和踏步段构成。

（3）CT型板式楼梯（图6-1-4）：由踏步段和高端平直段构成。

（4）DT型板式楼梯（图6-1-5）：由高、低端两个平直段和中间的踏步段构成。

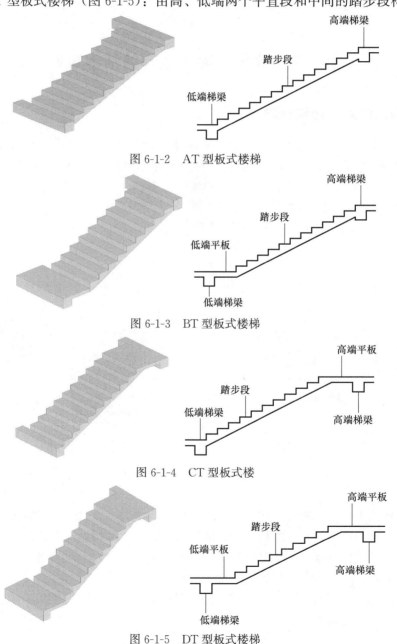

图 6-1-2　AT 型板式楼梯

图 6-1-3　BT 型板式楼梯

图 6-1-4　CT 型板式楼

图 6-1-5　DT 型板式楼梯

第二节　钢筋混凝土楼梯的钢筋量手工计算

一、现浇混凝土板式楼梯平法施工图

见 22G101-2 P23、P25、P27、P29，图 6-2-1 为某楼梯平法施工图。

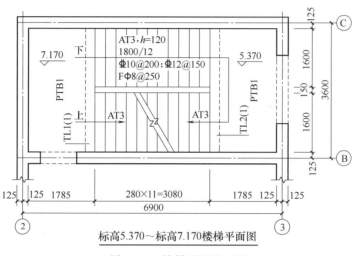

图 6-2-1　楼梯平法施工图

二、钢筋混凝土板式楼梯配筋的标准构造做法

按照传统的教学方法，学生在学习建筑制图理论时都是按照正投影的方法绘制结构施工图，按此方法绘制楼梯的配筋施工图表达清楚，很容易看懂钢筋的做法，图 6-2-2a～图 6-2-5b 为各种类型板式楼梯配筋大样图和配筋三维图。

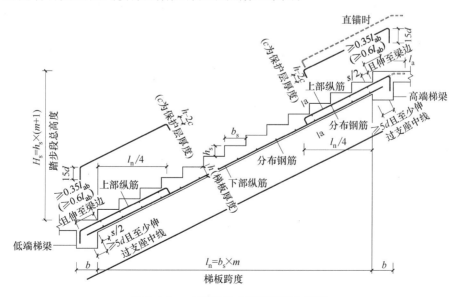

图 6-2-2a　AT 型板式楼梯配筋大样图

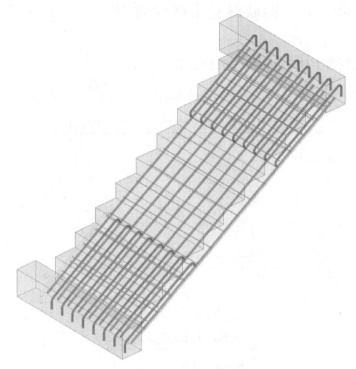

图 6-2-2b　AT 型板式楼梯配筋三维图

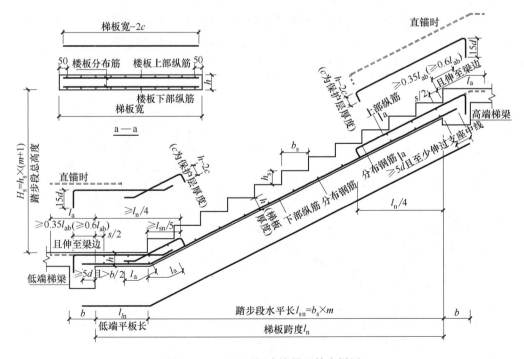

图 6-2-3a　BT 型板式楼梯配筋大样图

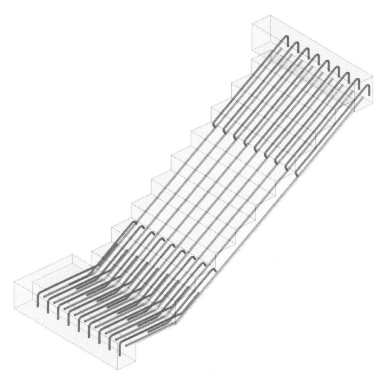

图 6-2-3b　BT 型板式楼梯配筋三维图

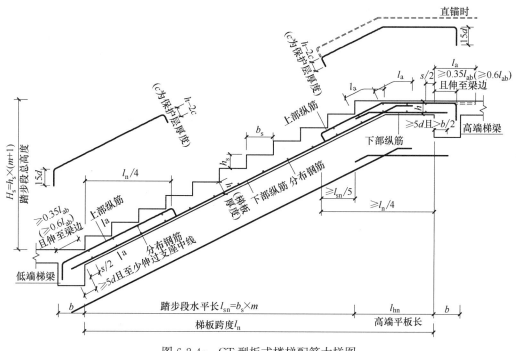

图 6-2-4a　CT 型板式楼梯配筋大样图

图 6-2-4b　CT 型板式楼梯配筋三维图

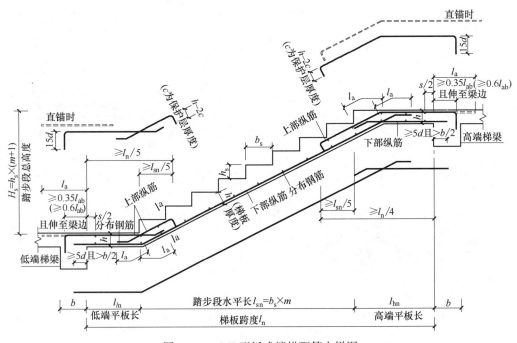

图 6-2-5a　DT 型板式楼梯配筋大样图

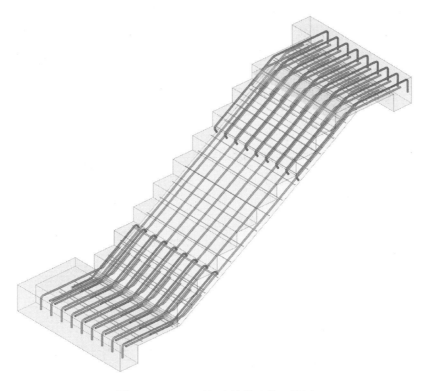

图 6-2-5b　DT 型板式楼梯配筋三维图

三、钢筋混凝土板式楼梯钢筋量手工计算

要计算钢筋混凝土板式楼梯的钢筋用量，首先要弄清楚钢筋混凝土板式楼梯内配有哪些钢筋，配置的钢筋有哪些标准构造规定（构造的解释见任务三中的描述），能够看懂按平法制图规则绘制的楼梯平法施工图，然后按照板式楼梯纵向钢筋在支座内的锚固等标准构造将楼梯钢筋量计算出来。下面就按 22G101-2 分别讲解楼梯内配置的纵向受力钢筋（分底部纵向受力钢筋和上部支座受力筋）、分布筋计算方法。

1. AT 型板式楼梯的钢筋量计算（图 6-2-2a、图 6-2-2b）：

（1）梯板底部钢筋

1）梯板底部纵向受力钢筋计算

① 梯板踏步段内底部纵向钢筋长度计算

梯板踏步段内底部纵向钢筋由梯段内的长度加两端伸入梯梁内的锚固长度组成，钢筋在梯梁内的锚固长度满足 $\geqslant 5d$ 且至少伸至梯梁中心线，考虑到梯梁宽度 $\geqslant 200\text{mm}$，板底钢筋直径 $\leqslant 16\text{mm}$，所以锚固长度等于梯段斜长系数 k 乘以梁宽的一半。

$$梯段斜长系数\ k = \frac{\sqrt{b_s^2 + h_s^2}}{b_s} \tag{6-2-1}$$

式中　b_s——楼梯踏面宽度；

h_s——楼梯踏面宽度；

k 的取值建议保留小数点后三位，第四位向上进位。

梯板底部纵向钢筋长度＝（梯段水平投影长度 l_n＋高、低端梯梁宽/2）×k　　(6-2-2)

当采用 HPB300 级的钢筋时，两端需做 180°的半圆钩，每端增加长度为 $6.25d$。

② 底部纵向钢筋根数计算

底部纵向钢筋根数＝（梯段净宽－2×保护层）/受力筋间距＋1　　(6-2-3)

2) 底部分布筋

① 底部分布筋长度计算

底部分布筋长度＝梯段宽－2×保护层　　(6-2-4)

注：当采用 HPB300 级的钢筋时，端部可不加做 180°的半圆钩。

② 底部分布筋根数计算

分布筋的起步距离为 $s/2$，s 为分布筋间距

底部分布筋根数＝（梯段水平投影长度 l_n×斜长系数 k－2×间距/2）/间距＋1

(6-2-5)

(2) 梯板上部钢筋

1) 梯板低端支座钢筋

① 梯板低端支座钢筋长度计算

梯板低端支座钢筋长度＝锚固长度＋梯板净跨/4×斜长系数 k＋板厚－2×保护层

(6-2-6)

锚固长度的计算：

a. 当设计按铰接时，梯板低端支座钢筋伸至支座对边后弯折，伸入梁内直线长度≥$0.35l_{ab}$，弯折段长度为 $15d$，考虑到楼梯支座钢筋的直径一般≤12mm，所以支座内的水平段长度不考虑 $0.35l_{ab}$，取伸至梯梁角筋内侧的长度；低端支座钢筋伸入踏步段的水平投影长度为梯板净跨（水平投影）的 1/4，并弯折至板底。

锚固长度＝（梁宽－40）×斜长系数＋$15d$　　(6-2-7)

注：40mm 的由来是梯梁角筋内侧至外侧距离的经验数值，等于梯梁保护层厚度＋箍筋直径＋角筋直径，可近似取 40～50mm。

b. 当设计按充分发挥钢筋抗拉强度时，梯板低端支座钢筋伸至支座对边后弯折，伸入梁内直线长度≥$0.6l_{ab}$，弯折段长度为 $15d$，锚固长度同式（6-2-7）。

当钢筋伸入梯梁内的直线长度不满足 $0.6l_{ab}$ 时，支座钢筋折入平台板底，合计长度 l_a，其他伸入踏步内的构造相同。

锚固长度＝l_a　　(6-2-8)

② 梯板低端支座钢筋根数计算

计算式同式（6-2-3）。

2) 低端支座钢筋的分布筋

① 分布筋长度计算

计算式同式（6-2-4）。

② 分布筋根数计算

分布筋的起步距离为 $s/2$，s 为分布筋间距

分布筋根数＝（l_n/4×k－$s/2$）/s＋1　　(6-2-9)

3）梯板高端支座钢筋

梯板高端支座钢筋及分布筋构造和计算式同低端支座钢筋及分布筋，只是高端支座钢筋除弯锚外，也可直锚至上端梯梁内，直锚时，支座钢筋伸至梯梁和平板内的长度为 l_a。

① 梯板高端支座钢筋长度计算

计算式同式（6-2-6）～式（6-2-8）。

② 梯板高端支座钢筋根数计算

计算式同式（6-2-3）。

4）高端支座钢筋的分布筋

① 分布筋长度计算

计算式同式（6-2-4）。

② 分布筋根数计算

分布筋的起步距离为 $s/2$，s 为分布筋间距。

计算式同式（6-2-9）。

【例 6-2-1】　计算 22G101-2 P27 中 AT3 板式楼梯的钢筋长度（图 6-2-1）。

设定条件：混凝土强度等级 C30，钢筋 HRB400 级，TL1、TL2 截面尺寸为 200mm×400mm，保护层厚度取 15mm。

解：AT 型板式楼梯的布筋构造见图 6-2-2a，AT3 水平投影长度 3080mm，TL1、TL2 宽度 200mm，踏面宽 280mm，踢面高 1800/12＝150mm，

$$斜长系数\ k=\frac{\sqrt{b_s^2+h_s^2}}{b_s}=\frac{\sqrt{280^2+150^2}}{280}=1.135$$

1. 梯板底部钢筋：

梯板底部纵向钢筋长度＝（梯段水平投影长度 l_n＋高、低端梯梁宽/2）×k

$$=\left(3080+2\times\frac{200}{2}\right)\times1.135$$

$$=3722.8\mathrm{mm}$$

根数＝（梯板宽－2c）/间距＋1＝[（1600－2×15）/150]＋1＝11.47 根，取 12 根

底部纵向钢筋总长＝3722.8×12＝44673.6mm＝44.673m

底部分布筋Φ8@250

分布筋长度＝梯板宽－2c＝1600－2×15＝1570mm

根数＝（梯板水平投影长度×k－2×间距/2）/间距＋1

$$=（3080×1.135－2×250/2）/250＋1$$

$$=13.98\ 根，取\ 14\ 根$$

分布筋总长＝14×1570＝21980mm＝21.98m

2. 梯板下端支座钢筋Φ10@200

长度＝$(l_n/4+b_b-40)\times k+15d+h-2c$

$$=（3080/4+200－40）×1.135＋15×10＋120－2×15$$

$$=930×1.135＋150＋120－30＝1295.55\mathrm{mm}$$

根数＝（梯板宽－2c）/间距＋1＝[（1600－2×15）/200]＋1＝8.85 根，取 9 根

下端支座钢筋总长＝9×1295.55＝11660mm＝11.66m

上部分布筋φ8@250

分布筋长度＝梯板宽－2c＝1600－2×15＝1570mm

根数＝[(l_n/4)×k－s/2]/s＋1＝[1.135×(3080/4)－250/2]/250＋1＝3.996 根,取 4 根

上部分布筋总长＝1570×4＝6280mm＝6.28m

上端支座钢筋长度及根数同下端支座钢筋，但加工形状不同。

2. BT 型板式楼梯（图 6-2-3a、图 6-2-3b）

（1）梯板底部钢筋

1）梯板底部受力钢筋

由于 BT 型板式楼梯低端有一平板，底部钢筋需贯穿平板，锚固至低端梯梁内，在梯梁内的锚固长度满足≥5d 且至少伸至支座中心线；其他同 AT 型楼梯。

① 底部纵向受力钢筋长度计算

底部纵向受力钢筋长度＝高、低端底筋锚固长度＋低端平台长＋踏步段内斜放钢筋长度

$$＝b_b/2(低端)＋k×b_b/2(高端)＋l_{ln}＋l_{sn}×k \tag{6-2-10}$$

注：当采用 HPB300 级的钢筋时，两端需加做 180°的半圆钩，每端增加长度为 6.25d。

② 底部纵向受力钢筋根数计算

计算式同式（6-2-3）。

2）底部分布筋

① 底部分布筋长度计算

计算式同式（6-2-4）。

② 底部分布筋根数计算

在低端平台板范围内也布置了分布筋，分布筋的起步距离为 s/2，s 为分布筋间距，

底部分布筋根数＝（踏步段水平投影长度×斜长系数＋低端平板长－2×间距/2)/间距＋1

$$\tag{6-2-11}$$

（2）梯板上部钢筋

1）低端平板上部纵筋

① 低端平板上部纵筋长度计算

$$低端平板上部钢筋长度＝锚固长度＋低端平板长＋l_a \tag{6-2-12}$$

锚固长度的计算：

a. 当设计按铰接时，低端平板上部纵筋伸至支座对边后弯折，伸入梁内直线长度≥0.35l_{ab}，弯折段长度为 15d，考虑到楼梯支座钢筋的直径一般≤12mm，所以低端平板上部纵筋的水平段长度不考虑 0.35l_{ab}，直接取伸至梯梁角筋内侧的长度；低端平板上部纵筋伸入踏步段的锚固长度为 l_a。

$$锚固长度＝（梁宽－40）＋15d \tag{6-2-13}$$

注：40mm 的由来是梯梁角筋内侧至外侧的距离，等于梯梁保护层厚度＋箍筋直径＋角筋直径，可取 40～50mm。

b. 当设计按充分发挥钢筋抗拉强度时，低端平板上部纵筋伸至支座对边后弯折，伸入梁内直线长度≥0.6l_{ab}，弯折段长度为 15d，锚固长度同公式（6-2-13）。

当钢筋伸入梯梁内的直线长度不满足 0.6l_{ab} 时，支座钢筋伸入平台板内，合计长度 l_a，其他伸入踏步内的构造相同。

计算式同式（6-2-8）。

② 低端平板上部纵筋根数计算

计算式同式（6-2-3）。

2）低端平板上部纵筋的分布筋

① 分布筋长度计算

计算式同式（6-2-4）。

② 分布筋根数计算

分布筋一端距低端梯梁的距离为 $s/2$（s 为分布筋间距），另一端位于平板与踏步低端的交汇处，没有起步距离。

$$分布筋根数＝(低端平板长－间距/2)/间距＋1 \qquad (6\text{-}2\text{-}14)$$

3）踏步段低端上部纵筋

① 踏步段低端上部纵筋长度计算

踏步段低端上部纵筋伸入踏步段的水平投影长度应 $\geqslant l_{sn}/5$，且 $\geqslant (l_n/4 - l_{ln})$，另一端伸入低端平板底部后沿平板弯折，伸至平台内的总长度为 l_a。

$$踏步段低端上部纵筋长度＝l_a＋\max(l_{sn}/5, l_n/4 - l_{ln})\times k＋h－2\times c \qquad (6\text{-}2\text{-}15)$$

② 踏步段低端上部纵筋根数计算

计算式同式（6-2-3）。

4）踏步段低端上部纵筋的分布筋

① 分布筋长度计算

计算式同式（6-2-4）。

② 分布筋根数计算

一端位于平板与低端的交汇处，没有起步距离，不加不减。

$$分布筋根数＝\max(l_{sn}/5, l_n/4 - l_{ln})\times k/s \qquad (6\text{-}2\text{-}16)$$

5）梯板高端支座钢筋

梯板高端支座钢筋及分布筋构造和计算式同低端支座钢筋及分布筋，只是高端支座钢筋除弯锚外，也可直锚至上端梯梁内，直锚时，支座钢筋伸至梯梁和平板内的长度为 l_a。

① 梯板高端支座钢筋长度计算

计算式同式（6-2-6）～式（6-2-8）。

② 梯板高端支座钢筋根数计算

计算式同式（6-2-3）。

6）高端支座钢筋的分布筋

① 分布筋长度计算

计算式同式（6-2-4）。

② 分布筋根数计算

分布筋的起步距离为 $s/2$，s 为分布筋间距。

计算式同式（6-2-9）。

【例 6-2-2】　计算图 6-2-6 中 BT3 板式楼梯的钢筋长度。

设定条件：混凝土强度等级 C30，钢筋 HRB400 级，保护层厚度取 15mm，TL1、TL2 截面尺寸为 200mm×400mm。

解： BT 型板式楼梯的布筋构造见图 6-2-3a，BT3 踏步段水平投影长度 2520mm，TL1、TL2 宽度 200mm，低端平板长为 560mm，踏面宽 280mm，踢面高 1600/10＝160mm

$$斜长系数 k=\frac{\sqrt{b_s^2+h_s^2}}{b_s}=\frac{\sqrt{280^2+160^2}}{280}=1.152$$

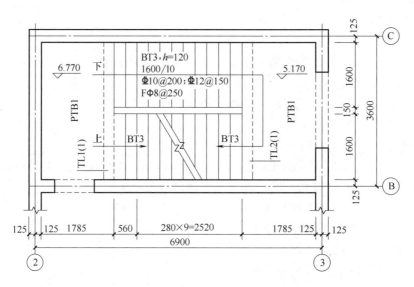

图 6-2-6　标高 5.170～标高 6.770 楼梯平面图

1. 梯板底部钢筋：

底筋锚固长度在 5d 与（梁宽/2）之间取大值，取 200/2＝100mm

梯板底部纵向钢筋长度＝（梯板水平投影长度＋锚固长度）×k＋低端平板长＋锚固长度
　　　　＝（2520＋100）×1.152＋560＋100＝3678.24mm

根数＝（梯板宽－2×保护层）/间距＋1＝（1600－2×15）/150＋1＝11.47 根，取 12 根

底部纵向钢筋总长＝12×3678.24＝44139mm＝44.139m

底部分布筋φ8@250

分布筋长度＝梯板宽－2×保护层＝1600－2×15＝1570mm

根数＝（梯板水平投影长度×斜长系数＋低端平板长－2×间距/2）/间距＋1
　　＝（2520×1.152＋560－2×250/2）/250＋1＝13.85 根，取 14 根

底部分布筋总长＝14×1570＝21980mm＝21.98m

2. 梯板下端支座钢筋Φ10@200

长度＝l_a＋max（踏步段水平投影长 l_{sn}/5，梯板跨度 l_n/4－低端平板长 l_{ln}）×斜长系数 k＋h－2c
　　＝35×10＋max[2520/5,（2520＋560）/4－560]×1.152＋120－15×2
　　＝350＋504×1.152＋90
　　＝10201mm

根数＝（梯板宽－2×保护层）/间距＋1＝[（1600－2×15）/200]＋1＝8.85 根，取 9 根

下端支座钢筋总长＝9×10201＝91809mm＝91.809m

梯板下端支座钢筋的分布筋 $\phi 8@250$

分布筋长度＝梯板宽－2×保护层＋2×180°弯钩增加值

$\qquad$＝1600－2×15＋2×6.25×8＝1670mm

（梯段板的分布筋可不做180°弯钩）

根数＝[（踏步段水平投影长/5）×斜长系数 k]/间距＋1

$\qquad$＝[（2520/5）×1.152]/250＋1＝3.32根，取4根

下端支座钢筋的分布筋总长＝4×1670＝6680mm＝6.68m

3. 低端平板上部纵筋 $\Phi 10@200$

长度＝ l_a＋低端平板长＋（低端梯梁宽 b_b－40）× k＋15 d

$\qquad$＝35×10＋560＋（200－40）×1.152＋15×10

$\qquad$＝350＋560＋184.32＋150＝1244.32mm，取1245mm

根数＝（梯板宽－2 c）/间距＋1＝[（1600－2×15）/200]＋1＝8.85根，取9根

低端平板上部纵筋总长＝1245×9＝11205mm＝11.205m

低端平板上部支座钢筋的分布筋 $\phi 8@250$

分布筋长度＝梯板宽－2×保护层＋2×180°弯钩增加值

$\qquad$＝1600－2×15＋2×6.25×8＝1670mm

（梯段板的分布筋可不做180°弯钩）

根数＝（低端平台长－ s/2）/ s

$\qquad$＝（560－250/2）/250＝1.74根，取2根

低端平板上部支座钢筋的分布筋总长＝2×1670＝3340mm＝3.34m

4. 梯板高端支座钢筋 $\Phi 10@200$

长度＝[水平投影净跨/4＋（ b_b－40）]×斜长系数 k＋15 d＋板厚 h－2×保护层 c

$\qquad$＝（2520/4＋200－40）×1.152＋15×10＋120－2×15

$\qquad$＝（630＋160）×1.152＋150＋120－30＝1151mm

根数＝（梯板宽－2×保护层）/间距＋1＝[（1600－2×15）/200]＋1＝8.85根，取9根

梯板高端支座钢筋总长＝9×1151＝10359mm＝10.359m

梯板高端支座钢筋的分布筋 $\phi 8@250$

分布筋长度＝梯板宽－2×保护层＋2×180°弯钩增加值

$\qquad$＝1600－2×15＋2×6.25×8＝1670mm

（梯段板的分布筋可不做180°弯钩）

根数＝[（ l_n/4）× k－ s/2]/间距＋1＝[（2520/4）×1.152－250/2]/250＋1＝3.4根，取4根

高端支座钢筋的分布筋总长＝4×1670＝6680mm＝6.68m

3. CT 型板式楼梯（图 6-2-4a、图 6-2-4b）

（1）梯板底部钢筋

1）梯板底部纵向钢筋

CT 型板式楼梯底部纵向钢筋由踏步段底部纵向钢筋和高端平板底部纵向钢筋交叉互锚组成。

踏步段底部钢筋低端锚固要求同 AT 型低端底部钢筋构造；高端伸入平板顶部后沿平

板水平弯折，伸入高端平板内的总长度为 $b_s \times k + l_a$。

① 踏步段底部纵向钢筋长度计算

踏步段底部纵向钢筋长度＝低端底部纵筋锚固长度＋踏步段底部纵向钢筋＋踏步段伸入高端平板内的长度

$$踏步段底部纵向钢筋长度＝(b_b/2 + l_{sn} + b_s) \times k + l_a \tag{6-2-17}$$

注：当采用 HPB300 级的钢筋时，两端需加做 180° 的半圆钩，每端增加长度为 $6.25d$。

② 高端平板底部纵向钢筋长度计算

高端平板底部纵筋一端伸入高端梯梁内，长度≥5d，且至少伸至支座中心线。另一端伸至踏步段顶端后沿踏步段坡度弯折，并与踏步段底部受力钢筋交叉，交叉后的延伸长度为 l_a。

$$高端平板底部纵向钢筋长度＝l_a + 高端平板长 - b_s + b_b/2 \tag{6-2-18}$$

③ 底部纵向钢筋根数计算

计算式同式（6-2-3）。

2）底部纵向钢筋的分布筋

① 分布筋长度计算

计算式同式（6-2-4）。

② 分布筋根数计算

踏步段低端、高端分布筋的起步距离均为 $s/2$。

$$分布筋根数＝[(踏步段水平投影长度 + b_s) \times k + 高端平板长 - b_s - 2 \times 2/s]/s + 1 \tag{6-2-19}$$

（2）梯板上部钢筋

1）踏步段低端上部钢筋

踏步段低端上部纵筋钢筋及分布筋的构造和计算同 AT 型低端上部钢筋。

2）踏步段高端上部钢筋

① 踏步段高端上部纵筋

踏步段高端上部纵筋顺延至平板内一个踏步的水平投影长度，而后沿平板面弯折，伸入高端梯梁内锚固，锚固要求同 BT 型低端平板上部纵筋。上部纵筋伸入踏步段的水平投影长度应≥$l_{sn}/5$，且≥$(l_n/4 - l_{ln})$。

$$踏步段高端上部纵筋长度＝[\max(l_{sn}/5, l_n/4 - l_{ln}) + b_s] \times k +$$
$$l_{hn} - b_s + h - 2c + 高端梯梁内锚固长度 \tag{6-2-20}$$

高端梯梁内锚固长度同 BT 型低端上部纵筋锚固长度。计算式同式（6-2-8）、式（6-2-13）。

注：当采用 HPB300 级的钢筋时，两端需加做 180° 的半圆钩，每端增加长度为 $6.25d$。

② 踏步段高端上部纵筋根数计算

计算式同式（6-2-5）。

③ 踏步段高端上部纵筋的分布筋

a. 分布筋长度计算

计算式同式（6-2-6）。

b. 分布筋根数计算

伸入高端平板内的分布筋距离梯梁的起步距离为 $s/2$。

分布筋根数 $=\{[\max(l_{sn}/5, l_n/4 - l_{ln}) + b_s] \times k + l_{hn} - b_s - s/2\}/s + 1$　（6-2-21）

4. DT 型板式楼梯（图 6-2-5a、图 6-2-5b）

DT 型板式楼梯是 BT 型楼梯和 CT 型楼梯的结合。其构造和计算式参考 BT 型和 CT 型楼梯。

任务七

其他构件钢筋

第一节 构 造 柱

一、构造柱的作用

（一）构造柱在砖混结构中的作用

在砖混结构中，为了提高砌体结构的抗震性能，《建筑抗震设计标准》GB/T 50011—2010 要求在建筑物的内、外墙交接处适当部位、楼梯间的四个角及房屋转角处、大开间的两端、较小尺寸窗间墙等部位设置钢筋混凝土柱，并与圈梁可靠连接，共同加强建筑物的整体稳定性，这种钢筋混凝土柱通常称为构造柱。构造柱的主要作用不是承担竖向荷载，而是用于抵抗水平地震作用，防止发生强烈地震时建筑物倒塌，图 7-1-1 构造柱施工现场图片。

图 7-1-1　构造柱施工现场图片

（二）构造柱在钢筋混凝土结构中的作用

在钢筋混凝土结构中，《建筑抗震设计标准》GB/T 50011—2010 要求在砌体填充墙的长度超出一定值时设置钢筋混凝土柱，并与上下楼层的梁可靠连接，以提高钢筋混凝土结构中填充墙的稳定性。

二、构造柱的标准构造与钢筋计算

（一）构造柱在砖混结构中的标准构造

由于构造柱在砖混结构中自下而上的施工顺序是构造柱纵向钢筋基础插筋→绑楼层纵向钢筋（楼层重复）→立皮数杆→墙体砌筑→按规定设拉结筋→浇筑构造柱混凝土，如图 7-1-1 所示。

1. 构造柱根部的连接构造与钢筋计算

（1）构造柱根部标准构造

构造柱根部标准构造分为图 7-1-2～图 7-1-5 所示四种情况。

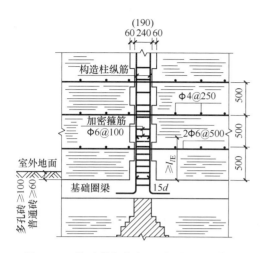

图 7-1-2　构造柱根部与基础圈梁连接做法
（常用大样 11G329-2 P1～3）

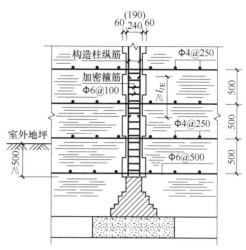

图 7-1-3　构造柱伸至地面下 500mm 的做法
（不常用大样 11G329-2 P1～4）

图 7-1-4　构造柱根部锚入基础做法
（常用大样 11G329-2 P1～5）

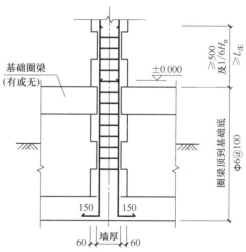

图 7-1-5　构造柱根部锚入素混凝土基础做法
（常用大样 构造柱根部纵筋连接大样）

　　如图 7-1-2 所示，构造柱纵向钢筋锚入建筑物室外地坪下的基础圈梁内，纵向钢筋伸至圈梁底部做 90°弯钩，弯钩长度 15d。

　　如图 7-1-3 所示，构造柱伸至建筑物室外地坪下 500mm（此种做法不常用），纵向钢筋末端做 90°弯钩，弯钩长度 15d。

　　如图 7-1-4 所示，构造柱纵向钢筋锚入钢筋混凝土基础内，伸至基础底部钢筋网片上做 90°弯钩，弯钩长度 150mm。

　　如图 7-1-5 所示，构造柱纵向钢筋锚入素混凝土基础内，伸至基础底部（保护层厚70mm）做 90°弯钩，弯钩长度 150mm。

四种情况的构造柱根部纵筋下部都是伸至底部做 90°弯钩，对于锚固在基础内时，弯钩长度均取 150mm，而对于锚固在基础圈梁内时，如图 7-1-2、图 7-1-3 所示，则弯钩长度均取 $15d$；纵筋上部伸出基础圈梁（地圈梁）顶的长度：要求≥500mm，及 $1/6H_n$（柱净高），且≥l_{lE}。

（2）构造柱根部钢筋计算

1）构造柱根部纵向钢筋计算

参照任务二柱钢筋的计算及构造柱根部构造做法，构造柱根部纵筋长度计算式分为：

① 如图 7-1-2 所示

根部纵筋长度＝（基础圈梁高度－30）＋$15d$＋纵筋伸出基础圈梁顶的长度　（7-1-1）

30mm 为保护层厚度（22G101-3 P57）。

② 如图 7-1-3 所示

根部纵筋长度＝（500－40）＋室内外高差＋纵筋搭接长度　（7-1-1a）

40mm 为保护层厚度（22G101-3 P57）。

③ 如图 7-1-4、图 7-1-5 所示

根部纵筋长度＝（基础圈梁顶标高-基础底标高）×1000－c－基础双向

钢筋直径＋150＋纵筋伸出基础圈梁顶的长度　（7-1-1b）

其中：保护层厚度＋基础双向钢筋直径可取 60～80mm。

注：纵筋伸出基础圈梁顶的长度＝max［500，$1/6H_n$（柱净高），l_{lE}］

构造柱纵筋可在同一截面搭接，搭接长度 l_{lE} 可取 $1.2l_a$（11G329-2 P11）。

2）构造柱根部箍筋计算

① 单个箍筋长度计算

箍筋长度＝［$(b-2c-d)+(h-2c-d)$］×2＋11.9d×2　（7-1-2）

式中　b——构造柱截面宽度；

h——构造柱截面高度；

c——保护层厚度；

d——构造柱纵筋直径。

② 箍筋个数计算

箍筋个数＝（基础圈梁顶以下的

直段长度－50)/100＋1　（7-1-3）

构造柱首层钢筋标准构造如图 7-1-6 所示。

构造柱在首层计算时，需要考虑基础圈梁顶部到室内地坪之间的高差，构造柱纵向钢筋从基础圈梁上部贯穿至二层楼面圈梁上方搭接位置。如果首层为刚性地面，则箍筋加密区须从基础圈梁顶做到室内地坪上 500mm 的位置。

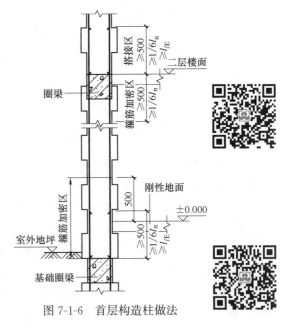

图 7-1-6　首层构造柱做法

2. 构造柱首层钢筋计算

首层纵向钢筋长度＝(室内地坪标高－基础圈梁顶标高)×1000＋首层层高＋搭接长度

$$(7\text{-}1\text{-}4)$$

(1) 箍筋长度计算

单个箍筋长度计算同式 (7-1-2)

(2) 箍筋个数计算

$$
\begin{aligned}
\text{箍筋个数}=&[(500-\text{圈梁顶标高}-50)\times1000/\text{箍筋加密间距}+1]\\
&+\{[\text{圈梁高度}+\max(500,1/6H_n)-50]/\text{箍筋加密间距}+1\}\\
&+[\text{层高}-500-\max(500,1/6H_n-\text{圈梁高度})/\text{箍筋非加密间距}-1] \quad(7\text{-}1\text{-}5)
\end{aligned}
$$

【例 7-1-1】 已知某砖混结构室外地坪标高为 －0.300m，基础圈梁顶标高为 －0.360m，基础底标高为 －1.500m，一层层高为 3.3m，圈梁尺寸皆为 240mm× 240mm，墙下条形基础底筋为单层双向Φ12@150，抗震设防烈度为 6 度，混凝土强度等级皆为 C30，构造柱大样见图 7-1-7，计算 GZ1 的单根基础插筋长度。

解： 由题可知，此种构造柱底部做法如图 7-1-3 所示，锚入基础。

圈梁顶部往下的直段长度

$=[-0.36-(-1.5)]\times1000-40-12\times2$

$=1076\text{mm}$

纵筋伸出圈梁长度$=\max(500,1/6H_n,l_{lE})$

$1/6H_n=\dfrac{1}{6}\times(3300+360-240)=570\text{mm}$

$l_{lE}=42d=42\times12=504\text{mm}$

可知纵筋伸出圈梁长度取 570mm。

3. 构造柱与中间楼层圈梁的连接构造和钢筋计算

(1) 构造柱与中间楼层连接的标准构造

构造柱纵向钢筋在中间楼层圈梁处的搭接如图 7-1-8 所示，中间楼层构造柱的纵筋在

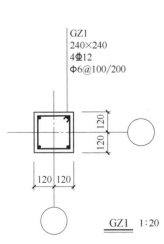

图 7-1-7 构造柱大样

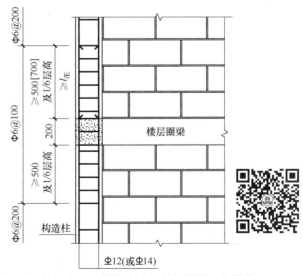

图 7-1-8 构造柱纵向钢筋在中间楼层圈梁处的搭接
（常用大样 11G329-2 P2～12）

圈梁上部进行搭接，搭接长度为≥500mm，及 1/6H（层高），且≥l_{lE}。同框架柱类似，圈梁上下搭接区域箍筋需加密。

（2）构造柱在中间楼层的钢筋计算

1）纵筋计算

如图 7-1-7 所示，中间层纵向钢筋长度＝层高＋搭接长度　　　　　　　　　　（7-1-6）

其中，搭接长度＝$\max(500,1/6H,l_{lE})$

2）箍筋计算

① 单个箍筋长度计算，同式（7-1-2）；

② 箍筋个数计算

$$中间层箍筋个数＝[（搭接长度-50）/箍筋加密间距+1]+$$
$$\{[圈梁高度-50+\max(500,1/6H)]/箍筋加密间距+1\}+[（层高-$$
$$搭接长度-\max(500,1/6H-圈梁高度)/箍筋非加密间距-1]　　（7-1-7）$$

【例 7-1-2】 已知【例 7-1-1】中砖混结构所处一类环境，二～四层高均为 3m，求 GZ1 在二层中单根纵筋长度、二层箍筋总长。

解：

二层纵向钢筋长度＝二层层高＋$\max(500,1/6H,l_{lE})$；

$1/6H=\dfrac{1}{6}\times(3000-240)=460\text{mm}$

$l_{lE}=42d=42\times12=504\text{mm}$

可知纵筋搭接长度取：504mm

二层纵向钢筋单根长度＝3000＋504＝3504mm

$$单个箍筋长度＝[(b-2c-d)+(h-2c-d)]\times2+11.9d\times2$$
$$＝[(240-2\times20-12)\times2]\times2+11.9\times6\times2$$
$$＝894.8\text{mm，取 }895\text{mm}$$

$$箍筋个数＝[（搭接长度-50）/箍筋加密间距+1]$$
$$+\{[圈梁高度-50+\max(500,1/6H)]/箍筋加密间距+1\}$$
$$+\{[层高-搭接长度-\max(500,1/6H-圈梁高度)/箍筋非加密间距-1]\}$$
$$＝[(672-50)/100+1]+[(240-50+500)/100+1]$$
$$+[(3000-672-504-240)/200-1]＝22.04\text{ 个，取 }23\text{ 个。}$$

箍筋总长＝23×895＝20585mm＝20.585m

4．构造柱与屋顶层圈梁的连接构造和钢筋计算

（1）构造柱与屋顶层圈梁连接的标准构造

构造柱纵向钢筋在屋顶层圈梁处的搭接如图 7-1-9 所示，构造柱的纵向钢筋伸入屋顶层圈梁箍筋内侧，并且弯折 15d，屋顶圈梁下部加密区的范围为≥500mm，及 1/6H（层高），且≥l_{lE}。

（2）构造柱在屋顶层的钢筋计算

1）纵筋计算

如图 7-1-9 所示，

构造柱在屋顶层的纵筋长度＝层高-圈梁保护层厚度-圈梁箍筋直径+15d　（7-1-8）

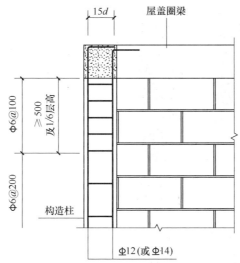

图 7-1-9　构造柱纵向钢筋在屋顶层圈梁处的搭接
（常用大样 11G329-2 P2～12）

2）箍筋计算

① 单个箍筋长度计算同式（7-1-2）；

② 箍筋个数计算同式（7-1-7）。

【例 7-1-3】 已知【例 7-1-1】、【例 7-1-2】题中砖混结构四层为顶层，屋顶圈梁截面为 240mm×240mm，配筋为 4 Φ 12，Φ 6@200（2），求 GZ1 在第四层中单根纵筋长度。

解：

四层纵向钢筋长度＝四层层高－圈梁保护层厚度－圈梁箍筋直径＋15d

$\qquad\qquad\qquad$ ＝3000－20－6＋15×12

$\qquad\qquad\qquad$ ＝3154mm

四层纵向钢筋单根长度＝3154mm。

（二）构造柱在框架结构中的标准构造

构造柱在框架结构中自下而上的施工顺序是构造柱在基础连系梁预留插筋→框架梁预留上下搭接插筋（楼层重复）→立皮数杆→墙体砌筑→按规定设拉结筋→浇筑构造柱混凝土，如图 7-1-10 所示。

构造柱在框架结构中，纵筋在基础连系梁中的连接与在基础圈梁中的连接构造相同，构造柱与屋面框架梁连接和屋面圈梁连接构造相同，钢筋的连接构造与计算参见上一节内容。

1. 构造柱与首层基础连系梁的连接构造和钢筋计算

（1）纵筋长度计算

纵筋长度＝首层层高－基础连系梁顶标高×1000－上层框梁梁高

其中计算单位均为 mm。

（2）预留插筋长度计算

$\qquad$ 预留插筋长度＝$\max[500, 1/6H_n(首层), l_{lE}]$＋基础连系梁梁高－40＋15d（7-1-9）

注：基础连系梁保护层＋箍筋直径约为 40mm。

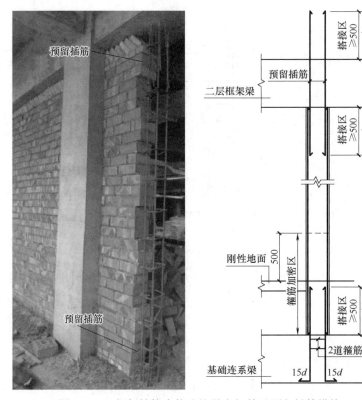

图 7-1-10　框架结构中构造柱纵向钢筋及预留插筋搭接

（3）单个箍筋长度计算同式（7-1-2）；

（4）箍筋个数计算

箍筋个数＝上端加密箍筋个数＋下端加密区箍筋个数＋非加密区箍筋个数＋2

$= \{\max[500, 1/6H_n(首层), l_{lE}] - 50\}/箍筋加密间距 + 1 + (500 - 基础连系梁顶标高 \times 1000 - 50)/箍筋加密间距 + 1 + \{首层层高 - 500 - \max[500, 1/6H_n(首层), l_{lE}]\}/箍筋非加密区间距 - 1 + 2$　　　　（7-1-10）

式中 2 为基础连系梁内两道箍筋。

2. 构造柱与中间楼层框架梁的连接构造与钢筋计算

（1）纵筋长度计算

纵筋长度＝楼层层高－上端框梁梁高　　　　（7-1-11）

（2）预留插筋长度计算

预留插筋长度＝$\max[500, 1/6H_n(本层), l_{lE}] + \max[500, 1/6H_n(下层), l_{lE}] +$本层框架梁梁高　　　　（7-1-12）

（3）单个箍筋长度计算同式（7-1-2）；

（4）箍筋个数计算同（7-1-7）。

【例 7-1-4】　已知某框架结构，抗震设防烈度为 6 度，抗震等级为四级，混凝土强度等级为 C30，一～四层层高皆为 3.0m，构造柱大样见图 7-1-11，计算 GZ1 在标高 3.000～6.000m 之间的纵筋长度，以及标高 3.000m 楼面框架梁上的预留插筋长度。

172

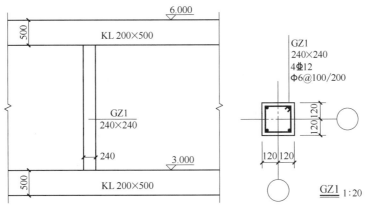

图 7-1-11　构造柱大样

解：

（1）纵筋长度＝楼层层高－上端框梁梁高

$$＝3000－500＝2500（mm）$$

（2）预留插筋长度＝$2×\max(500,1/6H_n,l_{lE})＋$框架梁梁高

$$\frac{1}{6}H_n＝\frac{1}{6}×(3000－500)＝416.7mm；$$

$$l_{lE}＝42d＝42×12＝504mm；$$

预留插筋长度＝$2×\max(500,416.7,504)$

$$＝2×504$$

$$＝1008（mm）$$

第二节　圈　　梁

一、圈梁的概念

在砖混结构房屋中，《建筑抗震设计标准》（GB/T 50011—2010）要求在砌体内沿水平方向设置封闭的钢筋混凝土梁，用来抵抗地基不均匀沉降、温度应力，提高房屋的整体刚度。

砖混结构中基础上部的连续钢筋混凝土梁叫基础圈梁，也叫地圈梁；而在墙体上部，紧挨楼板的钢筋混凝土梁叫圈梁，如果层高过高，设计人员会在楼层的半高处或门窗洞口上方增设圈梁。

二、圈梁的标准构造与钢筋计算

（一）圈梁的标准构造

1. 如图 7-2-1 所示，L 形转角位置两侧圈梁纵筋伸至构造柱钢筋外侧，做 90°弯钩，弯钩长度 15d。

2. 如图 7-2-2 所示，T 形转角位置水平圈梁纵筋拉通，竖向圈梁纵筋伸至构造柱钢筋

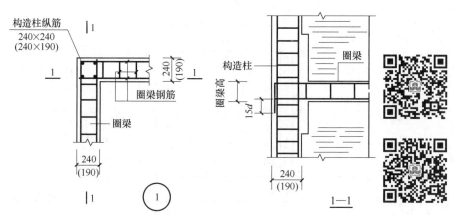

图 7-2-1　L 形转角位置圈梁与构造柱连接节点
（常用大样 11G329-2 P1～13）

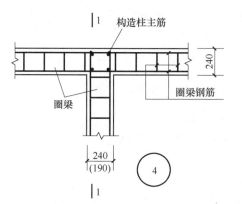

图 7-2-2　T 形转角位置圈梁与构造柱连接节点
（常用大样 11G329-2 P1～14）

外侧，做 90°弯钩，弯钩长度 $15d$。

圈梁纵向钢筋采用绑扎接头时，纵筋可在同一截面搭接，搭接长度 l_{lE} 可取 $1.2l_a$，且不应小于 300mm（见 11G329-2 P9）。

（二）圈梁的钢筋计算

1. 纵筋计算

（1）有构造柱时：

$$圈梁纵筋长度＝圈梁净长度＋（一端构造柱宽度＋另一端构$$
$$造柱宽度－2c＋2×15d）＋n×l_{lE} \tag{7-2-1}$$

式中　n——搭接接头个数；

$\quad\quad l_{lE}$——抗震搭接长度。

（2）没有构造柱时：

$$圈梁纵筋长度＝圈梁净长度＋（一端圈梁宽度＋另一端圈$$
$$梁宽度－2c＋2×15d）＋n×l_{lE} \tag{7-2-2}$$

2. 箍筋计算

（1）单个箍筋长度计算，同式（7-1-2）

（2）箍筋个数计算：

$$圈梁箍筋个数＝搭接长度＋（圈梁净长－2×50）/箍筋间距＋1 \qquad (7\text{-}2\text{-}3)$$

【例 7-2-1】 已知砌体结构，抗震设防烈度为 6 度，一类环境，混凝土强度等级为 C25，如图 7-2-3 所示，求①～④轴之间的 QL1 单根纵筋长度。

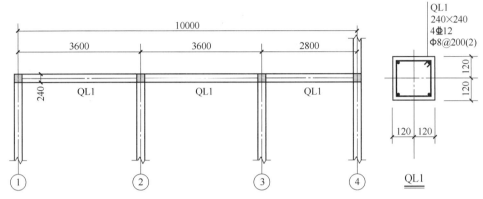

图 7-2-3 某建筑圈梁平面图和大样图

解：

圈梁纵筋长度＝圈梁净长度＋（2×构造柱宽度－2c＋2×15d）＋$n×l_{lE}$

圈梁净长度＝10000－120－120＝9760mm

构造柱宽度＝240mm；保护层 c＝20mm

由于①～④轴轴线长度为 10m，大于 8m，考虑一个钢筋搭接接头，n＝1；

$l_{lE}＝L_1＝42d＝42×12＝504$mm

$$
\begin{aligned}
圈梁纵筋长度 &＝9760＋（2×240－2×20＋2×15×12）＋1×504 \\
&＝11064\text{mm}
\end{aligned}
$$

第三节 过 梁

从施工方法上有现浇和预制。预制过梁和现浇过梁，根据设计图纸上标注的做法大样，可以在标准图集中查询，其钢筋用量汇总皆有详细列出，无需手工计算。

参 考 文 献

［1］ 中国建筑标准设计研究院. 混凝土结构施工图平面整体表示方法制图规则和构造详图［S］. 北京：中国计划出版社，2022.

［2］ 中国建筑标准设计研究院. G101 系列图集常见问题答疑图解［S］. 北京：中国计划出版社，2017,

［3］ 中国建筑标准设计研究院. 混凝土结构施工图钢筋排布规则与构造详图［S］. 北京：中国计划出版社，2018.

［4］ 李建武. 混凝土结构平法施工图实例图集［M］. 北京：中国建筑工业出版社，2016.